JN041173

まちがいだらけの文書から卒業しよう
―基本はここだ！―

工学系卒論の書き方

博士（医学）
博士（工学） 別府 俊幸
博士（文学） 渡辺 賢治 【共著】

コロナ社

はじめに

卒論を書く学生さんへ

この本は，高専や大学で卒論（卒業研究論文）を書く人のためのガイドブックです。

「国語」が苦手という人は少なくないでしょう。ですが「書く」ことは，エンジニアの業務ともなります。新しい製品を開発したいと思ったときには企画書や提案書を，製品のデザインを始めるためには設計指示書や仕様書を，デザインの途上ではワークシートやデザインレビュー報告書を，製造のためには手順マニュアルや検査指示書を，出荷に際しては取扱説明書やサービスマニュアルを，エンジニアは記します。広告や宣伝のための文章はほかのセクションが担当するとしても，少なくともその中の技術的説明の原案は，エンジニアが書くのです。このようにエンジニアは，つねにわかりやすい文章を書くことを求められます。

たとえ「国語」の成績が悪かったとしても，心配することはありません。国語の成績は，説明文を書くことで決まったのではなかったでしょう。国語では簡単にはわからない文章，たとえば難解な評論や小説を読まされて，作者の「思想」や「心情」を推測させられました。ところが，技術文章では，読み手に推測を要求することがあってはなりません。

技術文書では，わかりやすい文章，つまりは読み手に誤解されない文章を記します。そのためには，論理を組み立て，語句の意味を正しく用いる必要があります。読み手は情報を求めて技術文書を読みます。この求められる情報とは，研究開発を通じて書き手があきらかにした事柄です。つまりは，自分の獲得した知識を論理的に記すのです。

ですが，「論理的に」といわれて，初めからできる人などいません。ですから，まずは書いてみましょう。「どう書けばよいのだろう」と悩んでいるだけでは，文章は上達しません。とにかく，文字にします。

そして，思いつく限りを文字に変換したら，それを読み，文書は必要な情報を表しているか，説明はきちんと順序を追っているかを考えます。これが論理です。同時に，文をチェックします。主語はなにか，主語と述語はねじれていないか，述語を羅列していないかなど，自分で書いた文を第三者の目でみながら改良します。

卒業研究で製作したデバイスやソフトウェアやシステムを測定して特性を調べたのと同じように，文章を読んで確認し，修正します。この確認と修正のステップを繰り返すことが，論理的な文章を書けるようになるためのプロセスとなります。

卒論は，みなさんが記す初めての技術文書だと思います。研究開発したデバイスやシステム，ソフトウェアをほかの人に伝える文章です。ですから，将来の仕事で書くことになる企画書や提案書や取扱説明書やサービスマニュアルと同じく，わかりやすく書きます。

この本では，よい例をサンプルとして示しています。それらを応用してください。悪い例と改善例も示しています。それらからは陥りやすいポイントを知り，どう改善するかを考えてください。

工学系の人は，実験や実習を通じて技術的な事柄を理解しています。設計し，製作し，測定する技術も身につけています。あと必要なものは，自分が作ったものや測定したことをほかの人に伝える技術です。設計や製作や測定にやり方があるように，文章の書き方にも方法論があります。それを鍛えれば「わかりやすい」技術文章を記せるようになるでしょう。

技術は，売り込んでなんぼです。売り込めるよう，わかりやすい文章を書けるようになってください。

指導される先生方へ

毎年，多くの学生の卒論，予稿，エントリーシートなどの添削に労力を割かれていることと思います。筆者も同じく，彼らが記した文章を真っ赤にしては，「こうしろ」「ああしろ」と小言をいっています。

ところが，添削を受ける学生は提出期限に追われ，「なぜここがよくないのか」「どうしてこう直さなければならないのか」を考えることもなく，ただ，添削されたとおりに修正を繰り返します。その結果，つぎにまた同じまちがいをします。つまり筆者が添削に要した労力は，彼らの文章力向上につながっていなかったのです。

10 年ほど前にそのことに気づき，卒論の書き方を教授する科目を立ち上げ，手探りで指導を続けてきました。その経験から，やってはいけないことを示してそれらをどう回避するかを教え，やらなければならないことを示してそれを確認させることが，あくまでも文章の面からですが，よい卒論につながると考えるようになりました。

やってはいけないこと／やらなければならないこと，といっても，簡単なルールばかりです。たとえば，「データ」を用いて説明する，参考文献を示す，変数はなにを示すのかを述べる，図と本文で要素の名称を同じにする，などです。

学生は説明文の書き方を教わっていないのですから，書き方を知らなくて当然です。また，お手本となる文書がありません。そのため，修正すべき箇所に満ちた先輩の卒論をまねます。そして，同じような欠点に満ちあふれた文章を書いてしまうのです。

本書は，初めて卒論を書く学生さんへの，「技術的説明文の書き方」マニュアルを目指しました。説明文を書くために必要な事柄と技術文書に特有のルールを説明する攻略本です。ルールを守ってもらえれば，より明確に情報を伝える文書となります。

本書が，添削に要していた時間を研究教育に振り向けるため，お役に立てることを願っています。

本書の作成にあたっては，多くの方のお世話になりました。統計検定については，松江高専数学科村上享教授からご指導をいただきました。九段そごうさんには，本書を親しみやすくするイラストを描いていただきました。著者の講義を受講した松江高専のみなさんからは，有益なフィードバックをいただきました。出版に際してはコロナ社の方々にお世話になりました。厚く御礼申し上げます。

2020年1月

別府　俊幸

この本に示した研究報告例はすべてフィクションです。登場する人物・研究・結果などは架空であり，実在のものとは関係ありません。

初版第3刷発行に際して

読者の使いやすさを考慮して，巻末の「索引」と「やってはいけないこと・気をつけること」を充実させたほか，目次の後に新たに「論文を記すための早引き」ページを設けた。

2021年3月

別府　俊幸・渡辺　賢治

目　　次

1章　文章はコミュニケーションツール

2章　卒論＝技術文書の書き方

論文を記すための早引き

1章 文章はコミュニケーションツール

1.1 論理的展開を考える

日本語を表現する際に重要なのは「読む・書く・話す」の3要素です。これは身分や職種に限定されることなく，生きていくうえで必須となる要素です。

その中でも特に「書く」ことは重要です。パソコンや携帯電話，スマートフォンでの電子メールやSNS（Social Networking Service）上でのメッセージやチャットなど何気ない文章表現から，授業での課題レポートや学会論文，卒業研究など，重要な文章表現にまでおよびます。

ある物事を文章で説明する際，他者に対し，適切に伝えることができるかどうかは文章表現の善し悪しで決まり，それは他者とのコミュニケーションの円滑さにもつながります。私たちは日々のさまざまな場面において，文章で他者に説明することがあります。

文章表現という行為の大半には読み手（他者）が存在します。とりわけ卒論（卒業論文）や学会論文，技術文書といった文章には，論理的展開が必須となってきます。言い換えると，第三者が読んでもわかるように「すじみち」を立てて説明・説得する文章を書く必要があるのです。

本節では，まず論理的展開とはどのようなことかを確認したうえで，第三者が読んでもわかる説明文の書き方を示していきます。

1.1.1　論理とは「すじみち」のとおった考え方

中学校や高校の国語の授業で「論理」や「論理的」といった言葉を何度となく聞いていることでしょう。いま一度,「論理」の意味を確認しておきましょう。

> 「論理」…①　**思考の形式・法則。議論や思考を進める道筋・論法。**
> ②　**認識対象の間に存在する脈絡・構造。**
> （出典：『大辞林』第四版，三省堂より抜粋）

簡単にいえば，論理とは物事を順序立てて説明したり，考えたりするための「すじみち」です。たとえば「この話は筋がとおっている」という表現がありますが，この「筋」は「すじみち」つまり論理が明確になっていると言い換えられます。逆に「すじみち」が明確でなければ，他者には一向に理解されません。これは文章だけではなく，他者との会話の中で論理的に説明する場面においても必須です。

具体的に考えてみましょう。

例 1.1　お腹が空いたので，カレーを食べた。

この文では「カレーを食べた」行為に至った理由が「お腹が空いたので」と説明されています。これはまさに「すじみち」のとおった説明です。「お腹がいっぱいなので，カレーを食べた」という文では，常識的な読み手は疑問に思うでしょう。説明としては「すじみち」がとおっていません。

ただし，この文では「お腹が空いた」理由や「カレーを選んだ」理由については，読み手はわかりません。「晩ご飯を食べずに仕事をしていたのでお腹が空いて，たまたま通りを歩いていたらおいしそうなカレー屋さんがあったので，そこでカレーを食べた」という文であれば，お腹が空いた状況やカレーを選んだ理由は明らかとなります。

すべての結果や判断には，それに至る原因や理由があります。さらにいえば，その原因や理由にも，それらが生じたもともとの原因や理由があったはずです。上記の「夜遅くなってお腹が空いて」いた理由，言い換えると「夜遅くまでご飯を食べられなかった」理由があったはずです。**説明文では，その結果に至る「すじみち」を読み手が知っているところから始めて展開します。**

もう一つ，例を挙げてみましょう。

例 1.2　授業中の居眠りを防止するため，握ったまま動かなくなると電気ショックを発生させるシャープペンシルを開発した。

この場合，居眠りを避けたい状況は，読み手にも容易に想像がつくため，その状況の説明は省略してもかまいません。「授業中の居眠り」から文を始めれば，シャープペンシルの開発を要した理由は明らかです。それに続く文では，どのようなもの，あるいはどのようなものの機能を開発するのか，といった説明が重要となります。居眠りをすると手も動かなくなりますから，動かなくなったことをなんらかの方法で検出して，電気ショックを発生させます。

以上のように，状況から予定されるデバイスの動作までを順序立てて説明する，つまり，「すじみち」を立てて説明することが大切なのです。

1.1.2 主張を明確にするには

文章を書くうえで，自分のいいたいことはなにか。レポートや卒論を書いていても，なかなかうまく伝わらない・伝えられないといった経験をしている人は多いでしょう。それは学生に限ったことではなく，社会人も同様です。こうした理由は以下の2点に集約されます。

・そもそも文章表現のスキルを学んでいない（学ぶ機会がなかった）

・文章に触れる機会が少なかった（本を読まなかった）

当たり前ですが，文章表現のスキルを学ばず，文章に触れる機会も少ないままで，読み手にうまく伝えられる文章を書くことはできません。

しかし，このことを逆にとらえると，**文章表現のスキルを学べば，文章は書けるようになる**ということです。主張することはなにかをはっきりさせて，それを論理立てることを意識します。

多くの大学では，初年次教育の一環として「文章表現法」「日本語表現技法」といった科目が開講されていますが，そこで初めて「ああ，こうした構成で文章を書くのだ」「このような表現方法があるのだ」といった認識をもつ人も多いでしょう。つまり，文章表現のスキルを学んだからこそ，初めて正しく理解

し，活用できるようになるのです。そこからレポートや卒論，さらには就職活動（就活）のエントリーシートといった文章にも向き合えるようになります。本書を活用して，文章表現のスキルを修得していきましょう。

さて，主張を明確にすることの大切さを理解すべく，以下に例を挙げてみます。

例 1.3　「深夜のアルバイトの是非」をテーマにレポートを書きなさい。

このようなテーマが出されたとき，どのように書いたらよいでしょうか。主張を明確にする意識をもって，つぎのような流れでレポートを書いていきます。

① **まず初めに，「深夜のアルバイトは非である」というように，自分の主張（仮説）を明確にします。**

※この場合，レポートのねらいは深夜のアルバイトを是だという人に対し，考えを改めさせることにあります。

② **つぎに，「深夜のアルバイトは非である」という自分の主張の裏づけとなる根拠（証拠）を並べ，説得力をもたせます。**

③ **最後に，根拠（証拠）を踏まえたうえで，その結論「深夜のアルバイトは非である」ということを「すじみち」をとおした形で示します。**

ちなみに，作文ならば「深夜のアルバイトは好きではない」といった好き嫌いの主張からでも書けてしまいます。理由も「なぜなら，昼間，眠くなるから」「疲れが溜まりやすいから」「深夜のテレビをみられなくなるから」といった主観的なものになります。そして結論は「だから，やはり深夜のアルバイトはやめたほうがいいと思う」というようになり，主観を連ねた感想文になります。

これでは，論理的文章とはいえません。「すじみち」を立てるためには，事実に基づいて（客観的に）議論を進めます。そのためには，客観的資料を根拠（証拠）として示し，物事を順序立てて説明します。

主張

「深夜のアルバイトには多くの問題点が挙げられる」

根拠

「第一に，勉強の観点から … 成績が下がるというデータがある（～○○大学の調査によると）… 」

「第二に，経済的な観点から … 会社員の手当てと比べてアルバイト代の割り増しは小さい（～△△統計によると）」

「第三に，実際的な観点から … 友人たちの状況を調べて報告（調査結果）」

結論

「以上の点から，深夜のアルバイトをするべきではない」

このような**主張**⇒**根拠**（**証拠**）⇒**結論**といった論理（すじみち）の展開がなされて，自分の主張を明確にすることができ，初めて他者も理解できるのです。あくまで論理を展開させ，**根拠（客観的資料）を提示し**，**明確な主張をする**ことが大切です。

文章表現スキルは一朝一夕で修得できるものではありません。ですから**継続して「書く」ことと「読む」ことが重要**となってきます。それによって，どのような文章でもみずからの主張を明確に示すことができるようになるのです。

1.2　わかりやすい説明文を書こう

「**一文一義**（一文一意）」という言葉があります。これは一つの文には原則として一つの意味（情報）をもたせる，つまり複数の情報をもたせないということです。論理的展開を踏まえ，主張したいことを一つずつはっきりと述べることが大切です。根本は読み手に伝わりやすい文章を作成することです。

具体例を挙げてみましょう。

例 1.4

【×な例】

「ダムカード」は，2007年に国土交通省と独立行政法人水資源機構が「森と湖に親しむ」という旬間（7月21～31日）から，全国111のダムで配布が始められたが，当初は完成したダムのみであり，その後，建設中のダムや電源開発株式会社が管理するダム，県営ダムなどでも配布を開始した。そのため，カードコレクターやダム愛好家などから人気を集めるようになり，2019年現在では，その総数は600枚以上となっている。

これでは一文に複数の情報が入っており，一義とはいえません。読み手に伝わりにくい文です。これを「一文一義」を意識して，修正すると以下のような文となります。

例 1.4

【○な例】

国土交通省と独立行政法人水資源機構では，2007年の「森と湖に親しむ」という旬間（7月21～31日）以降，全国111のダムで「ダムカード」の配布を始めた。当初，カードが用意されたのは完成したダムのみであった。その後，建設中のダムや電源開発株式会社が管理するダム，県営ダムなどでも配布を開始した。そのため，カードコレクターやダム愛好家などから人気を集めるようになった。2019年現在では，その総数は600枚以上となっている。

繰り返しますが，一つの文に一つの意味（情報）をもたせることで，読みやすくなります。ついつい一文に複数の情報を入れたくなってしまいますが，それはあくまで書き手自身の理解であって，読み手には伝わりにくいものとなります。

1.2.1　説明する順序：全体から細部へ

何事も一部分だけの説明では，全体がみえてきません。たとえば，展望台から景色を眺める際に，まずは全体の景色を俯瞰し，そこから個々の景色，つまり細部へと目を移していくことと似ています。文章も全体から細部へと至るには，そもそもこの文章はなにを伝えようとしているのか,「主眼はなにか」といった内容を明確に伝えねばなりません。文章にはつぎの二つのタイプがあります。

文章のタイプ

- **「順序型」… 物事の発生した順に説明する**
- **「全体から細部型」… 全体を示してから，一つ一つを説明する**

どちらがわかりやすいかといえば，全体像のつかみやすい「全体から細部型」となります。文章の冒頭で本文の主張すべき内容が読み取れるような書き方です。

まずは，「順序型」の文章例から挙げてみましょう。

例 1.5

【①「順序型」の文章例】

近所に住んでいるおばあちゃんから，荷物を届けてほしいといわれた。片手ではもてない大きさの段ボール箱を渡されて，シロネコの宅配便に出してほしいという。コンビニに行けば宅配便は出せる。だけど，宅配便の集荷の時間はたしか 17 時までだったと思う。いま僕は明日締め切りのレポート課題で忙しくて，どう頑張っても身動きがとれない。徹夜になるだろうから，栄養ドリンクも準備している。ちなみにレポート課題は「反射光を利用した太陽光発電装置について」という内容だが，なかなか思うように進んでいない。友人の下山田君はたしかレポートを書き終えたと SNS でつぶやいていた。時間だけが過ぎ去っていく。僕は居間にいる妹におばあちゃんのことを話した。

小説ならばこのような流れでもよいのですが，レポートには不向きです。この文章では冒頭から最後まで読んで，初めて「おばあちゃんからの依頼を多忙なため，妹に頼んだ」ということがわかります。途中，細かい説明もあり，読み手にしてみれば「なにがいいたいのか」といった気持ちになるかと思います。結論までたどりつくのが長いですね。

続いて，「全体から細部型」の文章例です。

例 1.5

【②「全体から細部型」の文章例】

近所に住んでいるおばあちゃんから，荷物を届けてほしいといわれた。ところが僕は多忙なため，妹に対応してもらった。

おばあちゃんからは片手ではもてない大きさの段ボール箱を渡された。シロネコの宅配便に出してほしいといわれたが，宅配便の集荷の時間はたしか 17 時までだったと思う。コンビニに行けば宅配便は出せる。だが，僕は明日締め切りのレポート課題で忙しくて，どう頑張っても身動きがとれない。徹夜になるだろうから，栄養ドリンクも準備している。こうした状況から，僕は居間にいる妹におばあちゃんのことを話したわけだ。

ちなみに，レポート課題は「反射光を利用した太陽光発電装置について」というタイトルだ。ところがなかなか思うように進んでいない。友人の下山田君はレポートを書き終えたとSNSでつぶやいていた。時間だけが過ぎ去っていく。

「順序型」の文章に比べると，冒頭の二つの文で，この文章のいいたいこと，つまり結論が端的に書かれています。そして段落を改めた3行目以下では，その結論に至った経緯を説明し，レポートの中身については，さらにつぎの段落と構成を整理しています。

「結局，なにがいいたいのかわからない」文章の場合，いたずらに読み手の時間やエネルギーを奪うことになります。貴重な時間とエネルギーを使って文章を読んだのに，疑問が残ったままでモヤモヤしてしまうといったことにもなるでしょう。相手に対してスムーズに伝わる文章を書くことで，「なるほど，こういうことがいいたいのか」と思ってもらえる可能性が高くなり，読み手に伝わりやすくなるのです。

【コラム1】

「巨視的」と「微視的」

本項では「順序型」「全体から細部型」という言葉を使って説明しましたが，「巨視的」「微視的」という言葉もほぼ同じ意味です。巨視的な文章ですと，先に全体を示してから個々に説明していく形となります。それ対して，微視的な文章ですと，個々の内容を示して全体を把握する形となります。論文の場合は，冒頭部分で「本稿ではなにを考察し，どのように検証し，結果どうなるのか」を大まかな形で書くことが多いでしょう。あくまで，読み手あっての論文です。

1.2.2　解決すべき問題はなにか

説明文の中で，はたしてそれが適切な解決すべき問題なのか，書いている本人も焦点が絞れず漠然としてしまうこともあるでしょう。そもそもいったいなにが解決すべき問題なのか。あまたある情報の中から，なにを問題とするのか。問題の中でもなにを優先として解決するのか。そもそも問題だと思っていることは本当に問題なのか。

疑問を整理するためのポイントを以下に示します。

問題として認識するプロセス

① **情報を収集して，現状を把握する**

② **理想の姿を思い描く**

③ **解決すべき問題がなにかを絞り込む**

情報を収集して，現状を正しく把握します。つぎに，理想の姿を思い描きます。現状と理想の姿との間に，解決しなければならない事柄があるはずです。それがなにかを絞り込みます。

問題の認識に続く，解決を図るためのプロセスは以下のようになります。

解決を図るためのプロセス

① **問題の認識：なにが問題かを認識する**

② **課題の設定：なにを解決するかを設定する**

③ **解決案の企画・立案：どのように解決するかを企画・立案する**

④ **解決案の設計・製作：解決案を設計・製作する**

⑤ **解決案の評価・改良：製作物を評価・改良する**

認識した問題を出発点として，その中からなにを解決するかを設定します。その設定した課題に対する解決案を企画・立案します。そして設計・製作した解決案が，課題を解決するかを評価し，不十分なら改良を図ります。論文を記すためにも，このプロセスを意識しながら取り組んでみましょう。

ちなみに，先述の「解決を図るためのプロセス」の①「問題の認識」と②「課題の設定」にある「問題」と「課題」の違いはわかるでしょうか。両者

【コラム 2】

「制作」と「製作」の違い

文章を読んでいると，たとえば「制作」と「製作」というように，似た漢字をみかけることがあるかと思います。

この違いを説明しなさいといわれると，どういうときに使い分けるのか，悩んでしまいますね。まずは意味を確認しましょう。

・**「制作」… （芸術）作品を作る**
（絵画や映画，展覧会などに出品する作品など）

・**「製作」… おもに実用的なものを作る**
（工業製品，精密機器，各種器具など）

また，よく似た言葉に「作成」と「作製」があります。

・**「作成」… おもに事柄を組み立てて作る**
（書類や計画，図やプログラムなど）

・**「作製」… 実体をもつものを作る**
（機器や物品など）

このように言葉には違いがあるということを知って，論文執筆の基本的ルールを固めていきたいものです。

の意味をなんとなく理解しているといった人が多いかもしれません。レポートや卒論を書くうえでは，言葉を正しく使うことが重要です。改めて確認しておきましょう。

・「**問題**」… ①[†]**答えを求める問い。**
③**それをどうあつかうかをとりあげて話しあったり，研究したり，考えたりするような，人々にとってむずかしいことがら。**
・「**課題**」… **解決しなければならないものとしてあたえられた問題。**
（出典：『角川必携国語辞典』，KADOKAWA より抜粋）

このように「問題」と「課題」の意味は違っており，なんとなく理解しているといった認識で論文を書くと，大きなズレが生じてしまいます。ただし辞書で確認しても，いまいちわかりにくいかもしれません。もう少し簡潔にまとめてみましょう。

† 辞書には，ほかに②，④，⑤の説明もあります。

・「問題」… 現在，発生しているネガティブな事柄
・「課題」… ネガティブな事柄を解決するためのポジティブな表現

あくまで「問題」は，現在発生しているネガティブな事柄であり，「課題」はそれを解決するためにポジティブに表現することです。このように理解しておけば，判断しやすくなりますね。

「問題」と「課題」の意味は違うのですが，こうした違いをあいまいにしたままで，なんとなく「問題」と「課題」の言葉を使うと，読み手にはズレた認識となってしまいます。また，２章で述べますが，「事柄」の説明に「問題」や「課題」という語を使うと，かえってわかりにくくなることがあります。気をつけて使い分けましょう。

【コラム３】

「問題」と「課題」の使い分け

問．下線部に入る適切な語をそれぞれ（ア），（イ）から選べ。

（１）　レポート＿＿＿＿　　（ア）　問題　（イ）　課題
（２）　試験＿＿＿＿＿＿　　（ア）　問題　（イ）　課題

改めて正解を示す必要はないと思います。だれもが正解しているであろう「問題」です。このように，みなさんは正確に言葉を使い分けられているのですが，なぜ「レポート問題」と「試験課題」が不適切なのかを説明できる人はほとんどいないでしょう。つまり，無意識のうちに使い分けているのですが，なぜそうなっているかを意識しないことが「問題」なのです。先に示した『角川必携国語辞典』の説明をもう一度確かめてみましょう。

試験は「解決しなければならないものとしてあたえられた問題」ではなく，「学力を測るための問題」です。レポートは「答を求める問」ではなく，「解決案を提案するもの」です。卒論という「課題」に取り組むときには，意識して，言葉の意味を正しく使いましょう。

1.2.3　「目的」と「目標」と「手段」の関係

「目的」と「手段」の関係はわかっているようで意外と混同してしまうことがあります。これにつながる軍事史上，有名な一文が「目的はパリ，目標はフランス軍」です。これは第二次世界大戦以前，ドイツ軍参謀本部での作戦計画の指針とされた一言で，「パリを陥落させるため（目的）に，その障害となるフランス軍を撃破せよ（目標）」という関係を示したものです。

「目的」と「目標」を達成するための「手段」を入れると，下記のようになります。

・「目的」… パリを陥落させる
　　　　　　↓（そのために）
・「目標」… フランス軍を撃破する
　　　　　　↓（そのために）
・「手段」… 機甲師団で電撃的に侵攻する

文章でも同様のことがいえるのではないでしょうか。ある物事を書く目的があって，そのための目標を定めます。そして手段を用いて目的を果たします。人や組織がなんらかの行動をとるにあたり，明確な目的がそこにあるべきだという点は軍事もエンジニアリングも変わりません。ある物事についての説明文を書くときには，**目的と手段がそれぞれなにになるかを意識すること**が重要です。

つぎに進む前に，「目的」「目標」「手段」の意味を確認しておきましょう。それぞれ三つの言葉の意味は明確に異なっています。その状況に応じて使い分けねばなりません。

・「**目的**」… **①実現しよう，到達しようとして目指す事柄。めあて。**
・「**目標**」… **①そこまで行こう，なしとげようとして設けた目当て。**
・「**手段**」… **目的をとげるのに必要な方法。**
（出典：『大辞林』第四版，三省堂より抜粋）

それでは,「目的」「目標」「手段」の違いが明確にわかる具体例を挙げてみましょう。

例 1.6

【小水力発電についての研究】

・「目的」… 小水力発電システムを実用化させる

・「目標」… 水車を利用し，より大きな電力を得られるようにする

・「手段」… 水車のタービン形状を改良する

先の「目的はパリ，目標はフランス軍」の例文に比べ，身近に感じる人もいるかもしれません。ポイントは,「目的」はあくまで「実現しようと目指す事柄」です。また「目標」は「実現・達成を目指す水準」であり，具体的な物事を明示します。そして「手段」は「目的」「目標」を「実現させるためにとる方法」ですので，日々のレベルから詳細な物事を定めていきます。

1.2.4　その結果はどうなったのか

文章を書いたものの「結局なにがいいたいのか」「どのような結果なのか」いま一つ明確さに欠ける内容になってしまうことも多いでしょう。それは文章における思考の「すじみち」つまり論理の出発点からズレが生じているからです。そうならないためにも先に挙げた1.2.1項で示した「全体から細部型」の意識をもつことが必要です。そのうえで「目標」や「手段」を定め，そのための根拠（証拠）となる資料を集め，順序立てて論を展開します。

1.3　「文」と「文章」

「文」と「文章」という言葉には，文法上の言語単位でみるとそれぞれ違いがあります。普段，意識して使い分けていることは少ないかもしれません。「この文を読むと～」「この文章を読むと～」といったように，どちらも同じように聞こえますね。

まずは，その違いを確認しておきましょう。

> ・**「文」…①言語単位の一。思考や感情を言葉で表現する際の，完結した内容を表す最小の単位。多くは複数の文節によって構成されるが，「待て」「さようなら」のような一語文もある。**
>
> ・**「文章」…①話し手または書き手の思考や感情がほぼ表現し尽くされている一まとまりの統一ある言語表現で，一つもしくは複数の文から成るもの。**
>
> （出典：『大辞林』第四版，三省堂より抜粋）

辞書で調べると堅めな言葉で説明されていますが，要するに「文」とは，一つのまとまった内容を表す一続きの言葉のことであり，一つの主語とそれに対応する述語をもつものです。そして「文章」とは，文を連ねてまとまった内容を表したもののことをいいます。以下，それぞれの具体例をみていきましょう。

1.3.1 「文」とはなにか

「文」とはなにか。辞書での意味はすでに確認しましたので，具体例を挙げてみましょう。

例 1.7 明日から僕はフィールドワークのため，香港に半月滞在します。

この例からもわかるように，句点で終わる一続きの言葉を「文」といいます。ちなみに，「私は比較した」のように，主語と述語があれば「文」は成り立ちます。しかし，それだけでは読み手に状況を伝えるには不十分です。「だれと」「なにについて話したのか」など，詳しい情報がなければ読み手には伝わりません。

例 1.8 私は比較した。

↓

私は日本語文法チェックシステムの性能を比較した。

このように，いくつかの情報を補足することによって，読み手は状況をイメージしやすくなります。「文」は修飾語や接続語などがつくことで，より多くの意味（情報）を含み，読み手に伝わりやすくなるのです。

1.3.2 「文章」とはなにか

「文」に続いて，「文章」の具体例をみていきましょう。

例 1.9 農業分野に工学技術を応用することで，農業従事者の負担を軽減し，生産性を向上させることは重要である。そこで，携帯型カメラを用いてブドウの果実を熟成度ごとに計数する方法を考案し，さまざまな気象条件のもとで実験を行っている。しかし，課題は多く，開発は難航している。

この例からもわかるように，「文章」は「いくつかの文を連ねたまとまった内容」を表したものを指します。

ちなみに，言葉の単位として，小さい順から「単語」→「文節」→「文」→「文章」となります。

「単語」とは「意味をもった言葉の最小単位」であり，「文節」とは「文を発音上，不自然にならない程度にできるだけ短く区切った部分」です。両者についても，上記の例文から「農業分野に工学技術を応用することで，農業従事者の負担を軽減し，生産性を向上させることは重要である」という部分を使って確認しておきましょう。

例 1.10 農業分野に工学技術を応用することで，農業従事者の負担を軽減し，生産性を向上させることは重要である。

・「単語」… 農業分野／に／工学技術／を／応用／する／こと／で／農業従事者／の／負担／を／軽減／し／生産性／を／向上／させる／こと／は／重要／で／ある

・「文節」… 農業分野に／工学技術を／応用する／ことで／農業従事者の／負担を／軽減し／生産性を／向上させる／ことは／重要である

普段，言葉を使うときに「単語」や「文節」などの違いを意識することはほとんどないかと思います。ところが，単語と単語を適切につなげて文節を構成し，文節と文節を適切に配置することができなければ，意味のある文を作ることはできません。言葉と言葉のつながりを意識しましょう。

1.3.3 句読点はどうつけるか

文や文章を書くうえで，句読点が必要であることはいうまでもありません。しかし，いざ句読点をつけるとき，「どこにどうつけたらよいのか」悩む人も多いと思います。「これでなければいけない」といった固定したルールはありませんが，だいたい以下のルールのもとで使われています。

〔1〕 読　　点

（1） 長い主語の後につける

> **例 1.11**　ゴキブリ捕虫ロボットの目的は，虫を捕らえることである。

読点「，」は文章の「主語」や「主題[†1]」の後に打つのが基本的なルールです。読点をつけることで「ここまでが主語（主題）ですよ」と読み手に伝えることができます。逆に，短い文章の場合，読点がないほうが読みやすくなります。

（2） 「重文」・「複文」の区切りにつける　「重文」とは，一つの文の中に「主語＋述語」[†2]のかたまりが二つ以上あり，それらが同様の関係にあるものを指します。

---

†1　文の先頭にくる名詞などを助詞「は」で受けて，その名詞を主語としてではなく主題（題目）として扱い，「は」より後の部分で，その主題について説明する文があります（1.5.6 項参照）。

†2　1章では，主語を＿＿，述語を……として下線で示します。

例 1.12

【重文】

電三郎君は技術者で，電山君は研究者です。

上記の「重文」では，二つの「主語＋述語」のかたまりがあり，どちらも「○○君は○○者」というように同様の関係（並列）になっています。

これに対して，「複文」とは，一つの文の中に「主語＋述語」のかたまりが二つ以上あり，一方のかたまりが，他方のかたまりを，説明したり限定したりするものを指します。文法では，説明したり限定したりする言葉のはたらきを「修飾」と呼びます。ほとんどの複文では，前にある「主語＋述語」のかたまりが，後のものを修飾します。

例 1.13

【複文】

明日は休みなので，電太君は夜の街に繰り出した。

上記の「複文」では，前半の「明日は休みなので」が後半の「電太君は夜の街に繰り出した」を修飾しています。

このように「重文」と「複文」の違いを認識したうえで，読点をつけていきましょう。

（3） 接続詞・副詞の後につける

例 1.14 じつは，電太君は実験をサボりたいと思っている。ところが，電三郎君の前ではやる気満々な表情をみせている。

この場合，接続詞「ところが」の後に読点「，」をつけています。そのほか，1.8.2 項で説明する接続詞や，これらと似たようなはたらきをする語句の後にも読点をつけます。

例 1.15 機器子さんは優秀だ。なぜなら，努力家だからだ。

（4） 同様の関係（並列）にある単語の区切りにつける

例 1.16　電三郎君，電太君，機器子さんが実験を分担した。

「電三郎君」「電太君」「機器子さん」が「実験を分担」するというように，三者それぞれが並列の関係にある場合，読点「，」をつけます。なお，並列関係にある語句をいくつか並べる場合には，「・」（なかぐろ，なかぽつ）を使うこともあります。覚えておくとよいでしょう。

（5） 誤解釈を防ぐためにつける

例 1.17　電三郎君は楽しそうに研究する機器子さんをみつめた。
意味 1… 電三郎君は，楽しそうに研究する機器子さんをみつめた。
意味 2… 電三郎君は楽しそうに，研究する機器子さんをみつめた。

この場合，「意味 1」と「意味 2」では意味が異なり，読点のつける場所によっては二つの解釈が生じてしまいます。同じ文でも読点をつける位置によって，まったく違う意味に変わってしまいます。十分気をつけましょう。

〔2〕句　　点　句点は基本的にその文の終わりに使いますが，それ以外にも下記のようなルールがあります。

（1） 句点はカッコの後につける

例 1.18　フランス軍を撃破せよ（目標）。

ここで，カッコの中身は，その前の文についての分類や種別を示すものです。したがって，前の文と分けないようにします。基本的には，カッコの後に句点をつけます。

（2） 例外として，カッコの前につけることもある

例 1.19　大人とは，裏切られた青年の姿である。（太宰治『津軽』より）

引用元を記載する場合，カッコの前に句点を打つこともあります。ただし，論文で参考文献を示すときには，2.2.11 項のようにします。

（3）感嘆符・疑問符の後にはつけない

例 1.20　並列回路とはなんだーーー！！！！

レポートや論文では，こうした例はありませんが，感嘆符「！」や疑問符「？」の後に句点はつけません。

（4）**箇条書きの場合は句点は使わない**　箇条書きをした場合，行末には句点を入れません。また，箇条書きの場合は表記の形を揃え，行末の言葉の形（行末は「〜（す）る」の形にするなど）を揃えることも覚えておきましょう。ただし，形を揃えるといっても「〜すること」のような同じ（形式）名詞を並べないようにします。

例 1.21

エンジニアリング・デザインでは，以下のステップで要求の解決を図る。

・現状を調査する

・課題を定義する

・解決案を考案する

・解決案を試作する

・要求の解決を確認する

以上，句読点を使うにあたって，この項に示したルールを踏まえ，文章を書いていくのがよいでしょう。繰り返しますが，固定したルールはありません。大切なのは，読み手にわかりやすく，誤解のないように伝えられる文章を書けるかどうかです。そのためのルールだと思ってください。

1.3.4　段落を構成する

段落を構成する際に気をつけねばならないことは，「**一つの段落に一まとまりの話題（内容）**」です。一つの段落に複数の話題を入れると，なにを伝えたいのかわかりにくくなってしまいます。文章の中で，AとBという二つのことをいいたい場合には，一まとめにせず，Aの話題で一つの段落，Bの話題でもう一つの段落という形で分けて書きましょう。実際に書き始める前に，どの段落でどの話題を取り上げるか，順番を決めておくのがよいでしょう。

以下，二つの例を挙げてみましょう。

例 1.22

【① AとBの内容が同じ段落で書かれている】

試作発電用水車の特性を流水路を用いて測定した。揚水ポンプを用いて，水源用タンクの水面の高さを一定に保ち，タンク流出口にはバルブと流量計を設置して流量を $1\times10^{-3}\,\mathrm{m^3/s}$ から $1\times10^{-2}\,\mathrm{m^3/s}$ に調整した。水車にはDCモータを接続し，抵抗を負荷として出力電圧と電流を測定した。図1に試作水車の流量対発電電力特性を示す。$1\times10^{-3}\,\mathrm{m^3/s}$ から $5\times10^{-3}\,\mathrm{m^3/s}$ までは流量に比例した電力が測定されたが，$5\times10^{-3}\,\mathrm{m^3/s}$ 以上では，ほとんど電力は上昇しなかった。

例 1.22

【② AとBの内容が異なる段落に書かれている】

試作発電用水車の特性を流水路を用いて測定した。揚水ポンプを用いて，水源用タンクの水面の高さを一定に保ち，タンク流出口にはバルブと流量計を設置して流量を $1\times10^{-3}\,\mathrm{m^3/s}$ から $1\times10^{-2}\,\mathrm{m^3/s}$ に調整した。水車にはDCモータを接続し，抵抗を負荷として出力電圧と電流を測定した。

図1に試作水車の流量対発電電力特性を示す。$1\times10^{-3}\,\mathrm{m^3/s}$ から $5\times10^{-3}\,\mathrm{m^3/s}$ までは流量に比例した電力が測定されたが，$5\times10^{-3}\,\mathrm{m^3/s}$ 以上では，ほとんど電力は上昇しなかった。

【①】と【②】の文章では，文章自体は同じですが，はたしてどちらが書かれている内容を把握しやすいでしょうか。

【①】の場合，測定方法と測定結果という二つの話題が一まとまりの段落とされています。一方，【②】の場合，冒頭から「出力電圧と電流を測定した。」までの測定方法を一まとまりとし，測定結果に話題が変わる「図1に～」から文末までをもう一まとまりの段落としています。

ここでは,「図1に～」とあるように, 試作発電用水車の特性について, 図(データ)を用いて説明を始めているため, 新たな情報(話題)が入ります。ですから, 途中で段落を改めるほうが読み手にも, 話題が変わったことを伝えやすくなります。

段落を設けず, いくつもの情報が入ると, 読みやすいとはいえません。やはり新たな情報が入っている場合, 段落を区切って改めて説明をしましょう。

1.4 文 の 表 現

わかりやすく明確な文を書くためのルールについて説明します。ここでは, 説得力のある論理構造を文章全体で組み立てる際に使用するルールを挙げていきます。それを個々の段落や文でわかりやすく表現しましょう。

1.4.1 「である」調

文章には文末表現を「～である」「～だ」(「～た」)とする「である」調と,「～です」「～ます」とする「ですます」調の二つの書き方があります。「である」調「ですます」調どちらかで統一していないと, 違和感のある文章となってしまいます。

たとえば, つぎの例に示すように, 前半では「○○です」という文末表現が後半になると,「○○である」となるような記述は避けねばなりません。

> **例 1.23** 10名の男性を被験者として, フィットネスバイク使用時の呼気量の変化を測定した。その結果, 普段の運動量と呼気量の変化の間に興味深い傾向がみられました。

文章の冒頭部分では「測定した」と書いているのに, 末尾では「みられました」という表現になっています。あまり見分けがつかないかもしれませんが,「である」調と「ですます」調が混在しています。こうした書き方は厳禁です。

本書では「ですます」調を用いています。「ですます」調はやわらかく丁寧な印象をもたらしますので，説明文や紹介文で多く用いられます。

これに対して，論文やレポートでは「である」調を用いる習慣となっています。なぜそうなったのか，理由は定かではありませんが，データを客観的に伝えようとする姿勢から選ばれたのかもしれません。

ただし「〜だ」と断定するのは，書き手が「こうである」と確信したときの言い方ですので，論文では使用しません。あくまでも「数値はこうなった」とデータに語らせて，書き手の感情を持ち込まないようにします。これは読み手にも，データのもつ意味を考えてもらうためです。

1.4.2 時制について

日本語には，英語のような厳密な時制はありません。たとえば，「半導体センサを利用して，CPU の温度を計測した」と記されていても，

例 1.24

【過去形】

The temperature of the CPU was measured with a semiconductor sensor.

【現在完了形】

We have finished the measurement of the CPU temperature using a semiconductor sensor.

のように，どちらの時制の意味にもなります。

あるいは「半導体センサを利用して，CPU の温度を計測する」との表記も，これから測定するとき（実験手順書の説明），いま測定しているとき，過去に測定したことのどれにでも使うことができます。

これも英語では，

例 1.25

【現在形】

Install a semiconductor sensor to measure the CPU temperature.

【現在進行形】

We are measuring the temperature of the CPU with a semiconductor sensor.

【過去形】

A semiconductor sensor was used for the CPU temperature.

のように，異なった時制に当てはめられます。

前後の文脈から推測できるときには，主語を省略し，時制をはっきりとさせないのが，日本語の性質です。ですから，論文で述べる事柄は書き手にとっては過去の設計であり，過去の測定なのですが，記述は「～した」「～であった」ではなく「～する」「～である」としてもまちがいではありません。むしろ「～する」「～である」と記述したほうが読みやすくなるでしょう。

ただし，測定を実施したこと，そこで得られた数値，また，ほかの人の業績を参照したとき，この論文が記された時点ではそう考えられていた事柄を述べ

るときは,

例 1.26

・××の電圧は□□であった。

・○○らは熱電対を用いた CPU 温度の計測法を報告した。

のように,「～であった」「～した」とします。「～た」は,現在のことは表しません。過去のある時点で得たデータや情報であることをはっきりと示します。

1.5 主語を書く

日本語では主語を省略することができます。しかし省略できるということは,文章には必ず主語があることになります。主語がなければ,読み手に文章の主旨は伝わりにくくなります。主語があるからこそ,述語も機能します。

主語の表記にはいくつかのパターンがあります。

例 1.27（a）

【①】 学生は,夏休みのゼミ合宿に備えた。

【②】 私が教授に意見を聞いた。

【③】 よい文章とは,読み手に伝わりやすいものです。

【④】 論文では,結果をデータで表す。

【⑤】 タイトルには,論文の内容を反映させます。

【①】・【②】の「は」「が」といった助詞で表されるのが基本ですが,【③】のように,物事を仮定する「と」や,【④】・【⑤】のように,物事を限定する「で」「に」といった助詞を重ねることもあります。

例 1.27（b）

【⑥】 そのこと,僕から教授に伝えておいたよ。

【⑦】 君たちのほうでその原因を突き止めておいてくれ。

【⑧】 私も研究室に所属しています。

【⑨】 私，山田といいます。

【⑥】～【⑨】の場合，「から」「で」「も」といった助詞または無助詞（「は」「が」といった助詞がないこと）となります。

1.5.1 主語の必要性

文の内容によっては，「このあたりは主語を書かなくてもわかるだろう」といった書き手の一方的な思い込みで省略してしまうこともあるでしょう。しかしそのような文では，読み手にとってわかりにくいものとなります。

（1） 主語を入れて文を書く

例 1.28

【×な例】

学校へ行き，実験の準備を始めた。測定器を準備して，装置の電源を入れた。

これではだれが学校へ行き，実験の準備を始めたのかわかりません。

例 1.28

【○な例】

機山君は学校へ行き，実験の準備を始めた。測定器を準備して，装置の電源を入れた。

「機山君は」を入れることによって，初めて主語がだれなのか明確になります。また「測定器を準備して，装置の電源を入れた」のは「機山君」ですが，ここでは「機山君が測定器を準備して，装置の電源を入れた」といった形にはしません。前の文と主語が同じときには省略できます。

文を続けるときには，なるべく主語を動かさないようにします。そのほうが読みやすい文章となります。

逆に主語を省略してはいけない場合は，以下のような文章です。

> **例 1.29**　機山君が温度を測定していると，電子さんがつぎのサンプルを準備してくれた。

文章の途中で主語が変わる場合，読み手にはわからなくなってしまうため主語を省略することはできません。

（2）「～は」と「～が」の使い分け　日本語の助詞「は」と「が」の違いは，とても難しいといわれています。文法的な解説をするならば，「が」は格助詞で「は」は副助詞となります。しかし実際の場面では，「は」と「が」は文の中では違いがないように思われます。以下の例文をみてみましょう。

> **例 1.30**
> 【①】 電三郎教授の研究室はきれいだ。
> 【②】 電三郎教授の研究室がきれいだ。

まず【①】の「電三郎教授の研究室はきれいだ」は，一般論として，電三郎教授の研究室はきれいだという際に使われます。電三郎教授の研究室が目の

前にない状況で，だれでも知っている電三郎教授の研究室という対象物がきれいだという情報を伝えています。一方，【②】のように「電三郎教授の研究室がきれいだ」となると，目の前に電三郎教授の研究室があるという状況で，きれいだという新たな情報を伝えます。

あるいは初めて登場するときにも「は」と「が」は使い分けられます。たとえば「あるところにおじいさんがいました。おじいさんは散歩が好きで…」というように，おじいさんが初めて文中に登場するときには「が」を使い，以降の文では「は」を使います。

「～は」と「～が」の使い分け

- **「～は」… すでに知っている情報を伝える**
- **「～が」… 知らない新しい情報を伝える**

1.5.2 述 語 を 選 ぶ

文を読んでいると，読み手は主語とそれに対応する述語を探します。主語と述語が離れてしまうと，読み手は書かれている文の内容を把握することはできません。わかりやすい文を書くためには主語と述語を近づけます。複雑な文ほど，そういった配慮が必要です。

また主語と述語が対応していないことを「ねじれ」といいます。以下に例文を挙げてみましょう。

例 1.31

【×な例】

本研究は，表情認識の精度を向上する。

例文の主語は「本研究は」で，述語は「向上する」です。しかし，「研究が向上する」では意味をなしません。「研究」は行為者とはなれない言葉です。ですから，このような「ねじれ」は以下のように書き換えます。

例 1.31

【○な例】

・本研究の目的は，表情認識の精度を向上させることである。

・本研究は，表情認識の精度向上を目的とする。

ポイントは「目的は～である」や「本研究は～を目的とする」というように，主語と述語の対応関係を確認することです。主語との対応を意識することで述語も明確になります。

1.5.3　主語と述語の対応

主語と述語の対応として以下，①～④の4種類が挙げられます。

主語と述語の対応

①	なにが（は）どうする	【例】教授が笑う
②	なにが（は）どんなだ	【例】助手は静かだ
③	なにが（は）なんだ	【例】彼女は助教だ
④	なにが（は）ある／ない／いる	【例】実験がある

ポイントは**主語と述語の位置をできるだけ近づけること**にあります。近くなればなるほど，文はわかりやすくなります。

そして特に重要なのは**文に主語は一つ，述語も一つ**ということです。このことをしっかりおさえておきましょう。一つの文に複数の主語や述語が入ると，読み手に伝わりにくくなります。

以下の具体例をみてみましょう。

例 1.32

【×な例】

ダムによる大規模水力発電は，日本国内に条件を満たすことができる土地がほぼないため，さらなる建設は難しいと考えられる。

この文には，四つの主語と四つの述語があります。しかも，最初に登場するために，文全体の主語と考えられる「水力発電は」が，文全体の述語となる「考えられる」に対応しません。読み手には伝わりにくい文です。

ここで，書き手が主張したいことは「新たな水力発電の建設が難しいこと」だと考えられます。そこで，これをそのまま一つの文にまとめます。つぎの文には1.8.2項で説明する順接の接続詞「なぜなら」を用いてつなぎます。そして，「満たすことができる土地が」の余分な主語と述語をなくして「満たす土地が」とします。最後に「ほぼない」との稚拙な表現を「限られる」と改めれば，以下のようになります。

例 1.32

【○な例】

ダムによる大規模水力発電のさらなる建設は難しいと考えられる。なぜなら，日本国内に条件を満たす土地が限られるためである。

「文に主語は一つ，述語も一つ」ということを忘れないようにしましょう。

1.5.4 受動態を使わない

小説などでは受動態は能動態と同じくらい使われますが，論文では的確に情報を伝えるため，受動態を使わないようにします。以下，二つの例文を挙げてみましょう。

例 1.33

【①】 山田君のロボットは，私に踏まれた。

【②】 私は，山田君のロボットを踏んだ。

【①】は受動態で，【②】は能動態の文となります。これらの違いは，動作が受け身になっているかどうかです。しかも【①】は，私が行ったことであるにもかかわらず，主語が「山田君のロボットは」となり，違和感のある文です。**内容がスムーズに入ってくるのは，行為者を主語にした能動態である**ということをおさえておきましょう。

受動態は以下の場合に用います。

受動態を使用するパターン

・行為者が不明，重要ではない，あるいは行為者を明示したくない場合

・読み手に伝わりやすくするために，行為者を文末にもっていきたい場合

論文では，基本的に行為者を明示しないことはありません。なぜなら，明示しないと無責任な印象をあたえることになるからです。ですから，読み手に伝わりやすくできる場合でなければ，能動態を使うようにします。

文章における受動態と能動態の違いは，以下のようにまとめることができます。

受動態と能動態の違い

・能動態 … 行為者を強調する（内容をはっきりとさせる）

・受動態 … 行為者が前に出ず，行為を受ける対象が主語となる（内容をぼかす）

1.5.5 論文における主語と述語の扱い方

（1）**「研究をした人」が主語となるときは省略する**　1.5.1項では，「主語を入れて文を書く」と説明しました。ところが，このルールには例外があります。論文では「研究した人」，すなわち「論文を書いた人」が主語になるときには省略します。

> **例1.34**
>
> 【一般的な文】
>
> 私は，画像処理によって物体を数えるアルゴリズムを開発した。
>
> 【論文】
>
> 画像処理によって物体を数えるアルゴリズムを開発した。

このように「一般的な文」と「論文」では，主語の省略があるという例外をおさえておくことも必要です。

（2）**自分のことを主語にするときは「筆者」とする**　文章を書いていると，ときには自分独自の考えであることを強調したい場合もあるでしょう。自分の経験や主張を述べる場合や，読み手に対して「一般的な定説にはなっていないが，これは私の意見であるから，気をつけてほしい」と特に断りたいような場合です。こういう場合には「筆者」を使います。書いているのは自分すなわち筆者であるため，第三者のように表現することは不思議に思えるかもしれません。客観的に記すように心がける論文の習慣です。

（3）**行為者以外を主語とするとき**　まずは，例文を挙げてみましょう。

> **例1.35**
>
> ・ボールペンは，インクを収納するカートリッジ，ペン先，ボディ，キャップまたはペン先を出し入れするノック機構から構成される。
>
> ・コンピュータのプログラムとは，処理を実施するための一連の手順である。

工学系文書では，物体を主語に用いなければ，説明できないことがよくあります。このような場合には，主語と述語の対応に注意します。例 1.35 の「ボールペンは」を主語とした文では「構成される」という述語が対応しています。また，「コンピュータのプログラムとは」という主語には述語「手順である」が対応しています。

続いて，対応をまちがえた例文もみておきましょう。

例 1.36

【×な例】

圧縮されたデータは，冗長データを減らしている。

【○な例】

圧縮アルゴリズムは，もとのファイルから冗長データを除いて，ファイル容量を低減する。

【×な例】では，「データ」を主語としていますが，「データ」には，「減らす」という行為はできません。ですから，「減らした」行為者（物）である「圧縮アルゴリズム」を主語とすることによって，「ねじれ」を解消させます。

あるいは，こうした例も挙げられます。

例 1.37

【×な例】

実験結果は，□年□月□日から□年×月×日の△△サイトへのアクセスから求めた。

【○な例】

□年□月□日から□年×月×日の△△サイトへのアクセスから，購入数／アクセス数を求めた。

【×な例】の主語「実験結果」では，「求める」という行為はできません。「研究をした人」を主語として省略し，彼/彼女が，「なに」を「どうしたのか」をはっきり示します。

1.5.6 「～は」と「～が」を一つの文に混在させない

一つの文の中に「～は」と「～が」が同時に出現すると，どちらが主語なのかわかりにくく，意味が不明確になります。同一文の中に「～は」と「～が」が出現したときには，どちらかを「～の」に置き換えて後にくる言葉の内容を限定させるか，「～を」に置き換えて目的語とします。

以下，いくつかの具体例を挙げてみましょう。

例 1.38

【×な例】

太陽電池は，光エネルギーが電気エネルギーになる。

【○な例】

太陽電池は，光エネルギーを電気エネルギーに変換する。

【×な例】は，「太陽電池は」と「光エネルギーが」の二つの主語があるため，意味がとおりません。【○な例】では「光エネルギーが」を「光エネルギーを」と改めて，さらに述語を一つの主語となった「太陽電池は」に対応するものとしています。

続いて，こちらの文です。

例 1.39

【×な例】

LED は白熱電球よりも電気から光へのエネルギー変換効率が高い。

【○な例】

LED の電気から光へのエネルギー変換効率は，白熱電球よりも高い。

「LED は」を「LED の」に改め，さらに「LED の」が限定する対象である「電気から光へのエネルギー変換効率」を直後にもってきます。また，「エネルギー変換効率が」となっていると，ほかにも比較事項がある中で「これが」との印象を読み手にもたらします。ここでは，一つのことだけを話していますから，「エネルギー変換効率は」に改めます。

そのほか,「～できない」といった否定表現を「～できる」との肯定表現に改める方法もあります。一般に肯定表現としたほうが,文はわかりやすくなります。

例 1.40

【×な例】

□□電源は人工衛星に搭載できないサイズであり,小型化が求められている。

【△な例】

人工衛星に搭載するため,□□電源の小型化が求められている。

【×な例】からは,否定表現である「搭載できない」を「搭載する」に改めます。そうすることで,「人工衛星に搭載する」ことが目的とわかりますから,「搭載するため」とします。そして,「□□電源は」を「□□電源の」に改め,主語を「小型化が」だけとします(【△な例】)。

しかし,この書き換えだけでは不十分です。なぜなら,この文は受動態であり,だれが「小型化を求めている」のかを表していません。さらにこれに続く文は,「だから研究するのだ」といった決意表明になることが予想されます。ですから,「研究した人(書き手)」を主語として省略し,「小型化が」を「小型化を」として,行為者がなにをするのかを「試みる」と示して能動態に改めます。

例 1.40

【○な例】

人工衛星に搭載するため□□電源の小型化を試みる。

また,「一文一義」となっていない文,あるいは複文・重文では,文を分割するか,主要でない内容を削ります。

例 1.41

【×な例】

二輪車は不安定な乗り物であり，転倒などの事故が発生しやすいうえに，事故を起こすと体に直接衝撃を受ける。

【○な例】

二輪車は転倒しやすく不安定な乗り物である。転倒したとき，乗員は直接体に衝撃を受ける。

【×な例】は複文なのですが，文末の，この文全体の述語である「受ける」に対応する主語が書かれていないために，わかりにくくなっています。さらに，「転倒」を「事故」と言い換えたために，よりわかりにくくしています。「転倒によって衝撃を受ける」のであり，「事故から衝撃を受ける」では意味がとおりません。ここでは「不安定な乗り物である」と「事故のときにどうなるか」を二つの文に分け，第二の文の主語を「乗員は」と補いました。また，「体に衝撃を受ける」のですから，「直接」の語順を改めました。

【コラム 4】

「無生物主語」

英語では，「実体をもたないもの」も主語にできます。高校で習う英文法では，これを「無生物主語」といいます。「無生物主語」とは，人や生き物以外の無生物を主語として，あたかも意思があるかのように表現するという意味です。

ところが，この「無生物主語」を日本語に直訳すると，不自然になりがちです。

【英語】　The heavy rain forced us to stay at home.

【日本語（直訳）】　大雨が私たちに家に居ることを強いた。

主語は「大雨」ですが，これではやはり不自然ですね。自然な形に直すならば，

【日本語（意訳）】　大雨のため，私たちは家に居るしかなかった。

というようにします。英語と日本語における主語の表現には，このような違いがあります。

例 1.42

【×な例】

金属化合物には□□などがあり，耐腐食性が期待されている。

【○な例】

□□などの金属化合物には，耐腐食性が期待されている。

例 1.42【×な例】には，「金属化合物には」「□□などが」と「耐腐食性が」の合わせて三つの「～は」と「～が」があります。この文の「□□などが」を「□□などの」に置き換えて，限定する対象である「金属化合物」の前に移動させて修正したものが【○な例】です。

この【○な例】にも，「～は」と「～が」があります。ところが，違和感はありません。これは，先頭にある「金属化合物には」を，主語としてではなく主題（題目）として扱う文だからです。このような文では，主題より後の部分が，その主題について説明します。

記号で示せば，「A は B が C である」の形です。主題である「A は」を，主語と述語の「B が C である」が説明しています。

主題を用いる文では，主語と述語だけでなく，主題と述語もねじれないようにします。【○な例】では「金属化合物には～期待されている」「耐腐食性が～期待されている」のように，主題と主語それぞれが述語と対応しています。

じつは，例 1.39 の文例も，主題を用いて「電気から光へのエネルギー変換効率は，白熱電球よりも LED が高い」とすることもできます。

1.6　漢字とひらがな

文章を書いていると，使いたい言葉を漢字で書くべきなのか，ひらがなで書くべきなのか迷うときがあるでしょう。正しい使い方としては，文章の中で統一することです。同一文章の中で，同じ単語があるときは漢字表記となり，あるときはひらがな表記となるということは厳禁です。

数字に関しても，算用数字と漢数字を使い分けます。日付や数値，数量を表す場合には算用数字（アラビア数字）を用いますが，文章としての記述では，たとえば「一文一義」「二輪車」「第三に」のように漢数字を用います。**「1つ」「第2の」のような表記にはしません。**

1.6.1　常用漢字を使う

常用漢字とは，一般の社会生活において，文字を書き表すために選ばれた漢字のことです。法律や公的文書，新聞や雑誌，放送などで使用される漢字の目安であり，「常用漢字表」で定められています。平成22年内閣告示第2号に示された最新の「常用漢字表」は，2136字／4388音訓（2352音，2036訓）から成り立っています。

常用漢字は，多くの人が利用する文章をだれもが読めるように，何万語もある漢字の中から使いやすい漢字として選ばれている字です。卒論をはじめとした文章を書く際にも，常用漢字以外は用いないようにしましょう。このような意識をもって取り組むことが，より適切な文章を書くことにつながります。

1.6.2　漢字の使い分け

たとえば「時」と「とき」。または「物」と「もの」などは，文章でどのような場合に使い分けるでしょうか。

「私が高校生の時」のように，「時間」の意味では「時」というように漢字で表しますが，「湿度が30％に達したとき」のように，ある状況を仮定するときには，ひらがなを使います。論文で「～とき」と書かれているものは，ほぼすべて状況の仮定となっています。また，「生き物」のように，実際にみたり触れたりできる対象は「物」としますが，「最大のものをX」「撮影したもの」など，論文では抽象的なものを指す場合がほとんどです。ですから，論文ではどちらもひらがなで「とき」「もの」と書きます。

以下，おもな漢字の使い分け例一覧を挙げてみましょう（**表1.1**）。

文章を書く際，この表を一つの基準として書いてみましょう。いままで身に

表1.1　漢字の使い分け例一覧†

○	×
【あ】	
明らかに	あきらかに
当り	当たり
当てる	充てる
あまり～	余り～
誤り	あやまり
【い】	
いう	言う
いくつ	幾つ
至る	いたる
いつ	何時
いっそう	一層
一般に	いっぱんに
いま	今
いまだ	未だ
【お】	
行う	行なう
および	及び
【か】	
かえって	却って
かかわらず	拘らず
かつ	且つ
～かもしれない	～かも知れない
かりに	仮に
【き】	
きわめて	極めて
【く】	
くらい（ぐらい）	位
【け】	
けっして	決して
【こ】	
こと	事
ごと	毎
事柄	ことがら
異なる	異る
【さ】	
さらに	更に
【し】	
したがって	従って
したがう	従う
【す】	
（～に）すぎない	（～に）過ぎない
すでに	既に
すなわち	即ち
すべて	全て，総て
【た】	
たがいに	互いに
確かに	たしかに
ただちに	直ちに
たとえば	例えば
ため	為
【ち】	
近づく	近付く
ちょうど	丁度
【つ】	
（～に）ついて	（～に）付いて
つぎに，つぎの	次に，次の
つねに	常に
【て】	
できる	出来る

ついてきた漢字の変換ぐせはだれにでもあるかと思います。長い時間，適当ではない漢字の変換が当たり前になってしまい，気づかない人もいるでしょう。ここで知識を更新してください。

表 1.1　漢字の使い分け例一覧（つづき）

○	×
【と】	
～のとおり（名詞）	～の通り
～通り（2 通り）	～とおり
とき	時
特に	とくに
どこ	何処
ところ	所
～とともに	～と共に
【な】	
ない	無い
なお	尚
なかなか	中々
なぜ	何故
など	等
なに	何
ならびに	並びに
なる	成る
成り立つ	なりたつ
【は】	
初め	はじめ
始め	はじめ
初めて	はじめて
(～を）はじめとして	(～を）初めとして
【ほ】	
(～の）ほう	(～の）方
ほか	他，外
ほど	程
【ま】	
まず	先ず
また	又
まちがい	間違い
まったく	全く
まで	迄
【み】	
みる	見る
みつかる	見つかる
【も】	
もちろん	勿論
もつ	持つ
もっとも	尤も
最も	もっとも
基づく	もとづく
もの	物
【ら】	
ら	等
【わ】	
わかる	分かる，判かる
わけ	訳
分ける	わける
わずか	僅か
わりに	割に

† 漢字の使い分けは，学術誌や書籍ごとにルールが定められていますので，本書とは異なることもあります。

1.7　やってはいけない表現

論文を書くうえで，やってはいけない表現というものがあります。もちろん，これらをすべて網羅することはできませんが，論文では，以下の項目を使わないようにします。

1.7.1 「こそあど」は使わない

「こそあど」とは，「これ」「それ」「あれ」「どれ」などの，いわゆる「こそあど言葉（指示語）」を指します。これらの語もあいまいな文章の原因になります。

以下，例文をみてみましょう。

例 1.43

【×な例】

ゲームでは，壁や穴などの障害物で通路を塞がれた迷路のステージで，主人公のネズミを上下左右の移動で操作し，敵ネコを避けながら，ステージ内にあるアイテム（6種類×各2個）を回収するとクリアできるが，それらに当たるとライフが1減ってしまい，ステージはやり直しとなる。

ゲームの躍動感が伝わるような文ですが，「それら」はなにを指しているのでしょうか。「敵ネコ」＝「それら」のような気もしますが，「それら」は複数形です。「壁や穴」なのかもしれません。

また，一つの文なのですが，4行にもまたがる「長すぎる文」です。このような文には，たいてい問題がまぎれ込んでいます。【×な例】では，「ゲームでは」と「ライフが」「ステージは」というように，三つの主語があります。加えて，「主人公のネズミを上下左右の移動で操作し」の部分は，ここに記されていない「プレイヤー」を主語とした表現になっています。

「それら」をなくして文を二つに分け，主語と述語の対応を明確にします。

例 1.43

【○な例】

プレイヤーは，主人公のネズミを上下左右の移動で操作し，壁や穴などの障害物に通路を塞がれた迷路で敵ネコを避けながら，アイテム（6種類×各2個）を回収してステージのクリアを目指す。

ただし，穴に落ちたときと，敵ネコにぶつかったときに，主人公のライフが1減って，ステージはやり直しとなる。

【○な例】の第一文は「プレイヤーは～目指す」と，プレイヤーの行動を述べています。そして，第二文はプレイヤーの失敗条件をまとめています。ここでは，「ライフが～減って」と「ステージはやり直しとなる」と複文になっていますが，どちらも主語と述語の対応に問題はありません。

「こそあど言葉」を使ったときは，「それ」や「あれ」がなにを指しているのかの探索を読み手に要求します。わかりにくくなりますので，**必ず具体的な言葉に言い換えましょう。**

1.7.2　カッコの使い方

文章の中でカッコ（　）を不用意に使うと，読みにくくなります。以下，悪い例を挙げてみましょう。

> **例 1.44**　実験の結果を知りたくて，私は急いで研究室に向かおうとした（実際は，電話が入ったため研究室に向かえなかった）。

この場合，カッコの必要性はありません。「実験の結果を知りたくて，私は急いで研究室に向かおうとした。ところが，実際は，電話が入ったため研究室に向かえなかった」のほうが適切です。論文では，装置の型番などを除いて，カッコを用いた語句の挿入はしません。

1.7.3　重　複　表　現

「重複表現」は「二重表現」ともいいます。同じ意味の言葉を繰り返し使っている場合が多く，話し言葉をそのまま文章にするとよく起こります。この重複表現を無意識に使っている人も多いのではないでしょうか。

違和感を感じないまま使っていると，不自然な文章となります。読み手にストレスをあたえないためにも，重複表現には注意が必要です。

（1）**「速度が速い」**　重複表現の例を**表 1.2** に示します。「速度が速い」では，すでに「速度」の中に「速い」という意味が入っているため重複表現となります。「厚さが厚い」も類例です。これらは，数値を用いた表現とすればよいでしょう。このほかにも，「回路の回路図」「流れる電流」などのように，同じ意味をもつ言葉を一つの文の中で繰り返さないようにします。

また，「処理を行う」「種類を分ける」「おもな要因」「新しく追加」は，いずれも言葉は異なりますが，同じ意味を繰り返しています。「設計した試作」も，試作という行為に設計という行為が含まれます。

あるいは，「実際に」は，重複というよりも誤用となります。「○○を実際に測定する」と「○○を測定する」を比べてみましょう。行為に違いはありませんね。「実際」は「実際には，～であった」のように逆接や仮定を表す語です。

表 1.2 重複表現の例

重複表現	修正例
速度が速い	速度○○ m/s（数値表現とする）
電極の厚さが厚い	○○ mm 厚の電極
フィルタ回路の回路図	フィルタ（の）回路図
抵抗を流れる電流	抵抗（の）電流
旋回を行うと最大旋回半径は 400 mm であった	最大旋回半径は 400 mm であった
実験結果として～の結果となった	・実験結果は～のとおりであった ・～の結果を得た
入力した入力データ	・入力したデータ ・入力データ
太陽電池を用いた太陽光発電	太陽光発電
処理を行う	処理する（「行う」には「処理する」の意味が含まれる）
種類を分けると	種類は
おもな要因	おもな原因（「要因」は主要な原因のこと）
新しく追加する	追加する
設計した試作デバイスの～	・設計したデバイスの～ ・試作デバイスの～
実際に～した	～した

（2）**「～することがわかる」**　「～することがわかる／できる」「～を行う／実行する」などの冗長な表現を多用すると，読みにくい文章になってしまいます。こうした表現を使わないで文章を記述します。

例 1.45

【×な例】

このコマンドの後には任意の値を設定することができる。このため，設定した値ごとに，システムの動作の確認を行わなければならない。この作業には時間がかかるため，テスト要員の追加が必要となることがわかる。

これでは冗長な表現が多く，読みにくいです。不必要な部分を削るだけで簡潔な文章になります。改めるとつぎのようになります。

例 1.45

【○な例】

　このコマンドの後には任意の値を設定できる。このため，設定した値ごとに，システムの動作を確認しなければならない。確認作業には時間を要するため，テスト要員の追加を必要とする。

もう一つ例文を挙げてみましょう。

例 1.46

【×な例】

　装置内の温度制御を行うために，制御周期ごとに FET へのゲート信号幅の更新を実行した。

こちらも先の例文と同様，冗長な表現が多いので，改めてみましょう。

例 1.46

【○な例】

　装置内の温度を制御するため，制御周期ごとに FET へのゲート信号幅を更新した。

例 1.46【×な例】の「～を行う／実行する」といった表現は，使ってはいけないわけではありませんが，多用しやすいため，極力使わないようにします。たとえば「実験を行った」「データ収集を行った」「状況の調査を行った」という場合，「実験した」「データを収集した」「状況を調査した」といった端的な表現に改めます。

1.7.4 共　起　関　係

共起関係とは，ある単語と一緒に，同じ文や文書の中で使われる（共起する），別の語や表現の総称です。たとえば「気温」という単語には「高い／低い」「上がる／下がる」といった言葉が多く用いられますが，「暑い／寒い」では違和感があります。

論文で使われる用語と共起関係をもつ動詞を**表1.3**に示します。多くの用語は「増加する／減少する」と表せますが，温度や湿度は「高くなる／低くなる」と表したほうがよいでしょう。

表1.3　用語と共起関係をもつ動詞

用語	共起関係をもつ動詞				
	増加する／減少する	高くなる／低くなる	大きくなる／小さくなる	上昇する／低下する	その他
長さ・高さ	○				
面積・体積（容量）・質量・光量・角度・エネルギー	○		○		
流量・トルク	○	○	○		
温度・湿度	○	○		○	
力	○		○		強くなる／弱くなる
圧力・回転数	○	○		○	
速度	○		○	○	
電圧・周波数	○	○		○	
電流・電力	○		○		
時間（応答／静定／収束／処理）	○				早くなる／遅くなる
能力（処理／識別）		○			向上する／低下する
安定性・信頼性		○			向上する／低下する
効率		○			向上する／低下する

1.7.5 不 要 表 現

不要表現とは，端的にいうと「ムダな言葉」を書いてしまうことです。「ムダな言葉」とは，レポートや論文を深めるのに役立っていない言葉，あってもなくてもいいような言葉のことです。ムダな言葉が多いと話の要点がつかみにくくなり，読み手は混乱してしまいます。

（1）**「～ような」「～という」**　この表現はなにかと便利なため，よく使っているのではないでしょうか。ところが，「～ような」「～という」といった言葉をレポートや論文で使用すればするほど論理的文章の明確さがなくなってしまいます。断定できない（自信がない）文章ほど，こうしたあいまいな表現を使いがちです。

特に「～ような」は，「同一」の場合と「類似しているけれど相違がある」場合の両方がある，あいまいな表現です。使わないようにしましょう。

（2）**「～の～の～の」**　この表現も使ってしまうのではないでしょうか。同じ文章の中に続けて「～の～の～の」というように，「の」が連続して3回以上続くと，文が間延びした感じになり，稚拙な印象をあたえてしまいます。このように「～の」が続いてしまう場合は，「～の」を省略するか置き換えられないかを考えます。

「の」の連続を避ける方法

- **対象に関すること …「～の」を省く**
  【例】「特別調査の報告の概要の…」→「特別調査報告の概要の…」
- **場所に関すること …「～の」を「～にある」「～にいる」に置き換える**
  【例】「研究室の机の上の…」→「研究室にある机の上の…」
- **時に関すること …「～の」を「～における」に置き換える**
  【例】「加入時の注意点の話の内容…」→「加入時における注意点の内容…」（「話の」は省略した）

「～の」は，使っても2回までとしましょう。

1.8 文章を作る

文章を作るにあたっては，いきなりやみくもに書き始めることはけっしてよいとはいえません。特にレポートや論文を書く場合，正しい手順を追ったうえで書いていくことが前提となります。いきなり文章を書いていくよりも，メモ用紙などに箇条書きで書き，そこから整理してみましょう。この作業を行っていくと，キーワードとなる言葉を抽出できるようになり，なにが重要で，それを展開させるためにはどのような順序で書いていくとよいのか，見取り図（構成）をかためていくことができます。

1.8.1 文章を構成する

文章を書き始める前にどのような形で進めていくか，構成を考えます。構成はいわば見取り図のようなものであり，ここを適当にしてしまうと文章全体の内容が不明瞭になってしまいます。構成の仕方については，後の1.8.4項で具体的に示していますが，ここでは文章構成の前段階として，接続詞の順接や逆説といった，文をつなぐための土台となる用例を確認しましょう。

1.8.2　文をつなぐ（接続詞）

文と文，あるいは文と文章，または文章と文章。これらをつなぐうえで欠かせないのは接続詞です。接続詞は適切に用いることで，文や文章の意味のうえでの関係を明確にします。ただし，接続詞を誤用あるいは多用すると，かえってわかりにくい文章となってしまうこともあります。「すじみち」を考えて，接続詞を選びましょう。

（1）**どうつなげるか**　まずは，つなげ方です。接続詞の選び方によって，文の意味が変わります。それでは，以下の例文をみてみましょう。

例 1.47　大トロは味がいい。（　　　　　　）値段は高い。

空欄のカッコに当てはまる可能性として考えられるのは，「だから」「しかし」でしょう。ここで，「だから」は順接，「しかし」は逆接の接続詞であり，まったく反対の性質をもつものです。しかし，この文だけでは，どちらが正しいかはいえません。接続詞を選ぶときには，前後の文脈をみて，「なにを強調したいのか」を明確にします。

（2）**順　　接**　順接の接続詞は先の主張を保持し，それを踏まえてつぎの主張がなされるときに用います。

順接の接続詞

【付加】　しかも／さらに／そのうえ／くわえて／また

【言い換え】　すなわち／つまり

【理由】　なぜなら／そのため／したがって

【例示】　たとえば／具体的には

（3）**逆　　接**　逆接の接続詞は「しかし」に代表されるように，それまでの主張を修正（転換）したり，制限したり，対比的に別の主張を導入します。いわば「論理の流れを変える接続詞」といえます。

逆接の接続詞

【転換】 しかし／ところが／にもかかわらず／むしろ

【制限】 ただし／もっとも

【対比】 一方／他方／それに対して／反対に／または／あるいは

このように順接と逆接の接続詞を適宜，文章の中で用いることで，主張をわかりやすくできます。

ちなみに，逆説の接続詞「しかし」の誤用をよくみます。みなさんもつぎのような文章を書いた覚えはないでしょうか。

例 1.48

【×な例】

ロボコンの試合中，ロボットから煙が出て，ロボットの足は動かなくなった。しかし，ロボットの手は動作した。

一見すると，「しかし」は正しい使い方のようにみえますが，この例では「しかし」よりも「ただし」という接続詞のほうが適しています。なぜなら「ロボットの足は動かなくなった」という現象に対して，「ロボットの手は動作した」わけです。つまり「ただし」という「条件の制限（付加）」が行われているのです。

ここで接続詞「しかし」の特徴をおさえておきましょう。

接続詞「しかし」の特徴 ①

接続詞を挟んだ前と後の内容では，反対かつ後の内容が強い。

具体例を挙げてみましょう。

例 1.49

・電気回路がショートした。しかし，主電源にはダメージを受けていなかった。なぜなら，ショートした部分が焼き切れたからだ。

・プログラムにバグがみつかった。しかし，正常に機能している。なぜなら，アクセス数が10 000回を超えないと現れないバグだからだ。
・研究ノートの提出は昨日だった。しかし，電太君は提出できなかった。
なぜなら，学校の裏山で昼寝をしていたからである。

ここでは，いずれも「しかし」の後に「なぜなら」という接続詞が書かれています。接続詞「しかし」を使う場合，「なぜなら」という接続詞がなければ，「しかし」以下の内容との対応がわかりにくくなります。基本的に「しかし」と「なぜなら」という接続詞はセットで使うようにしましょう。

接続詞「しかし」の特徴②

接続詞「しかし」は，接続詞「なぜなら」とセットで使う。

そのほか，論文でよく使う接続詞を**表1.4**にまとめます。

表1.4　よく使う接続詞†

接続詞	役　割
【順接（付加）】しかも，さらに，そのうえ，くわえて，また	前の内容に新たな情報を付け加える
【順接（付加）】そして，それから，そのうえ	前の内容に続いて後の内容が起こることを示す
【順接（付加）】まず，つぎに，さらに，第一に，第二に，…	複数の内容を並べて示す
【順接（言い換え）】すなわち，つまり	前の内容と同じ内容を言い換える
【順接（理由）】なぜなら，そのため，したがって	前の内容が後の結果につながる
【順接（例示）】たとえば，具体的には	前の内容の例を示す
【並列】また，および，ならびに	前の内容と異なる内容を並べて示す
【逆接（転換）】しかし，ところが，にもかかわらず，むしろ	前の内容と逆の内容を示す
【逆接（制限）】ただし，もっとも	前の内容の限界を定める
【逆接（対比）】一方，他方，それに対して，反対に，または，あるいは	別の側面があることを示す
【まとめ】以上のことから，このように	まとめを表す

† 「そのうえ」や「それから」などは，こそあど言葉のように思われるかもしれませんが，「その」や「それ」のような指し示す言葉ではありません。

1.8.3 同じことを繰り返さない

同じ言葉や言い回しを繰り返し使った文章は，しつこく読みにくく感じます。以下に例文を挙げてみましょう。

例 1.50

【×な例】

サンプルに欠落があった場合，アルゴリズムは前後の 4 サンプルから補完する。その場合，データの最上位ビットに補完したことを示すビットを付加する。

この例では「サンプル」「場合」「補完」「ビット」がそれぞれ 2 回使われています。ここで「サンプル」は，同じ種類のものを指す名称のため省けません。「場合」は「あった場合」「その場合」といずれも仮定を述べているのですが，じつは同じことを指しているので文章をわかりにくくします。しかも，「〜場合」は，「A の場合」「B の場合」のように種類が変わったときに使う言葉です。ここでは連続するサンプルの中での欠落を仮定しますので，「〜とき」が適しています。また，「前後の4サンプル」も「前2，後2」なのか「前4，後4」なのかはっきりしません。さらには，第二文の「ビットに…ビットを付加する」も意味をなしません。

これらを修正すると，

例 1.50

【○な例】

サンプルに欠落があったとき，アルゴリズムは前後の各4サンプルを用いて補完するとともに，最上位ビットを1にして補完したことを示す。

のようになります。

同じ言葉や同じ言い回しが現れる文章は冗長なだけでなく，読み手にもわかりにくくなってしまいます。原則として，一つの文の中には，同じ言葉を使わないようにします。こうした点を意識して確認することも大切です。

1.8.4 論理的に展開しよう

いままで学んできた内容やルールを踏まえ，論理的に展開していきます。

授業におけるレポートや学会論文，卒論といった文章では，単なる感想文とは異なり，対象とする物事に関して読み手にわかるように，「すじみち」を立てて説明・説得することが必須となります。そこで序論・本論・結論といった「三段論法」など，「すじみち」を立てて文章をわかりやすく展開させていく方法があります。

【例】「○○法を用いた××電極の作製」

・従来の研究状況
・本研究の位置づけや目的（問題提起）
・本研究方法の概要や特徴

序論
（はじめに）

↓

実験方法，データの提示，検証，考察	**本論** **（証拠・主張）**
↓	
得られた成果，特徴や今後の課題など	**結論** **（まとめ）**

このような流れを踏まえ展開していきますが，序論・本論・結論における分量（バランス）も意識しておきたいところです。

一つの目安として，以下に比率を挙げておきます。

分量の比率

【序論 … 全体の 10 %程度】

テーマや問題への導入部分。仮説を提示し，結論の予告の役割も果たす。

【本論 … 全体の 70 ～ 80 %程度】

レポートの中心部分。データを示して主張を立証することを中心とする。

【結論 … 全体の 10 ～ 20 %程度】

序論で提示した仮説に対する解答部分。自身の主張をここで明示する。

この分量を目安として，自身の頭の引き出しに入れておくと，どのような分野の論でも展開しやすくなるでしょう。序論や結論が本論と同等の分量，またはそれ以上の分量となっている場合は問題です。こうしたバランスもしっかり意識しましょう。

1.9　本章のまとめ

以上，1 章では卒論を始め，学会論文や技術論文を書くにあたっての基本的なルールや注意点を挙げてきました。

もちろん，上手な文章表現のスキルをマスターすることは容易ではありません。学校でレポートや論文を書くたびに，この章で紹介した内容を念頭に置いて，取り組んでみましょう。そうすることで徐々にですが，文章を書くうえでの変化（＝文章を書ける自分になってきたという実感）が得られます。

何事も「継続は力なり」です。2 章では，工学系における具体的な論文執筆の説明へと入ります。1 章で身につけたスキルを土台にして，読み進めていきましょう。

ハラショー！
ここらで一息ついて
2章もがんばろ！
論文を書くための
スキルが大事だ
ってことわかった！

2章 卒論＝技術文書の書き方

2.1 「論文」とは

2.1.1 技術説明のパンフレット

おそらく多くの人にとって，卒論が初めて書く「論文」でしょう。初めて書くのですから，なにを書いたらよいのか，どう書いたらよいのか，だれを対象に書いたらよいのか，わからないことだらけかと思います。もしかすると，他者に読んでもらい，理解してもらうことを考えながら文章を書くことが初めての人もいるでしょう。

論文といっても，難しく考えることはありません。特徴をわかりやすくお客様に説明して「購入したい」と思ってもらうための商品説明のパンフレットと同じく，成果を同業の研究者やエンジニアに正確に説明して，ほかの研究や製品に活用してもらうための，少し長めの技術説明のパンフレットです。

たいていの工学系論文では，たとえば「耐候性に優れる素材」「応答をすばやくするコントロール装置」「ネットワークの安全を高める AI システム」など，開発したデバイスやシステム，ソフトウェアの特徴や特性が記されています。そこで述べられる事柄は，たとえば「衝撃をやわらげる靴底」「料理に応じたオーブンの温度調整機能」「ウイルス対策ソフトウェア」などの商品説明パンフレットと同じく，使用環境における優位性や，既存品を上回る特性や性能であり，研究の優れている点です。

ですから，商品パンフレットの目的が商品の特長をコンパクトにわかりやす

くお客様に伝えることであるように，論文も研究の内容を正確にわかりやすく伝えることがその目的です。多くの人に読まれてこそ，研究成果を広く伝えることができます。

ただし，技術説明パンフレットといっても論文には，守らなければならないルールがあります。それが「工学系卒論の書き方」です。それでは，説明に入ります。

2.1.2　再現可能となるように記す

論文は，執筆者と同等の見識と技術をもってすれば「検証」，すなわち「追試」が可能となるように記します。つまり，論文で最も重要なことは，再現性です。執筆者以外の同業者にも再現できることが，論文に課される条件となります。

これは，論文以外の技術文章についても同じです。電池やモータがデータシートに記されたとおりの性能を示してくれなければ，製品の性能も不十分なものとなります。ボルトとナットが規格どおりの強さを発揮してくれなければ，構造破壊を招き，人的・物的損害が生じるかもしれません。すべての技術文書には，再現性が求められるのです。

2014年，『Nature』誌に「刺激惹起性多能性獲得細胞」の論文[†1]が発表され，その後に撤回されました。筆頭著者[†2]は記者会見[†3]を開いて「STAP細胞はあります」と語りましたが，科学の世界では，記者会見で発表しようと，マスコミが騒ごうと，論文がなければ認められません。査読を経た論文が学術誌に掲載される，つまりは記された内容が科学的に妥当であると認められて，初めて「研究成果」，すなわち科学の世界で認知されたこととなります。

STAP論文は，一度は掲載，つまり研究成果と認められました。ところが，その後に嫌疑が出され，再現できなかったために撤回されました。科学的にはこの時点で「STAP細胞があるとは認められない」状態となったのです。

これは特異な例ですが，再現可能性を担保することは論文を書く人の責務です。無論，データのねつ造があってはなりません。いうまでもなく，ねつ造したデータは，再現できるはずがありません。

卒論では査読はないでしょう。それでも，「当該分野で認められる手法に基づいて研究が遂行された」と評価される水準に仕上がっていなければ，不合格とされても文句はいえません。指導教員にしっかりとみてもらって，推敲を重ねて提出します。

【コラム5】

査読（peer review）

通例2～3名の編集委員会から指名された同じ分野の研究者が投稿された論文を検討し，編集委員会に対し，掲載する価値のある論文か否かを答申（とうしん）する。査読者が追試をすることはないが，方法および結果の記述が適切であること，新規性を有しているかを文面とデータより判断する。編集委員会は査読者が適切であると認めたときに，掲載を決定する。

---

†1　H. Obokata, et. al.：Stimulus-triggered fate conversion of somatic cells into pluripotency, Nature, 505, pp. 641-647 (2014)，2014年7月2日撤回

†2　連名（複数の著者による）論文の最初に名前を載せた著者。その論文に関して最も貢献した人。

†3　https://www.nikkei.com/article/DGXNASDG09048_Z00C14A4CC1000/(2019年9月現在)

2.1.3 同じ分野のエンジニア・研究者を想定して記す

論文の読み手は，同じ分野のエンジニアや研究者を想定します。ですから，指導教員と同じくらいの知識をもつ人が，理解できるように記します。たとえば「本研究室の設備を用いて作成したサンプル」と論文に書かれていたとしても，論文を書いた人は毎日使っている装置なのでしょうが，ほかの人にはわかりません。ですから，使用器具や条件を「電気炉（○○社，ABC-1234型）を用いて600℃の窒素雰囲気中で3時間加熱した」のように，読み手にわかるように記します。

ただ，実験を再現できるといっても，たとえばコントロールプログラムや装置の設計図，回路図などをすべて載せる必要はありません。その分野のエンジニアや研究者，つまりは指導教員くらいの知識と技術をもつ人には再現できるように情報を記載します。たとえば，プログラムのリストは載せなくても，コンピュータのCPUとクロック周波数（あるいはメーカー名と型式），必要であればOSとそのバージョン，プログラミング言語などの開発環境，コントロールアルゴリズム，システムのブロックダイアグラム，デバイスやシステムを開発したのなら，その材質や加工・組み立て方法，測定に使用した機器やセンサなどの情報です。

同じ分野のエンジニアや研究者であれば当然知っているような事柄は，論文で説明する必要はありません。大まかにいえば，当該分野の大学学部レベルの教科書に記されているような事柄は「常識」として相手も知っているものとして扱います。当然，それらの教科書を，参考文献に掲げる必要もありません。

2.1.4 論文に記すこと

論文は「技術説明のパンフレット」だといいましたが，開発したシステムや調査した案件について，「こんなものができたぞ」「こんなことがわかったぞ」というように，最も伝えたいことを記します。

書きたいことは山のようにあるかもしれません。けれども，論文の枚数は限られています。ですから，訴えたい点に絞って記します。たとえば，顔認証ソフトウェアの精度をアップした，ロボットに石段を登らせた，などの要点を中心として説明します。

2.1.5 数値で語る

論文では，結果を数値で示します。「**データに語らせる**」ともいいますが，修飾語を並べるのではなく，数値にして結果を記しましょう。

たとえば，顔認証プログラムの精度をアップできたとします。このとき，

例 2.1

【×な例】

顔認証プログラムの精度を，従来よりもきわめて高くすることに成功した。しかも，他人をまちがって認証することはなかった。

のように「高く」「成功した」と主観的に語っても，読み手にはどれだけ精度が高められたのかは伝わりません。ですから，検証の条件とそのときの結果を数値で示します。

例 2.1

【○な例】

20～24歳男性の顔写真を用いて本人認証の精度を確認した。東アジア系79人，東南アジア系12人，アフリカ系4人，北欧系5人の計100人の正面像を各10枚撮影した。各人の写真5枚を学習用データに用い，ほかの5枚を用いて本人認証を試みた。500枚のうち498枚で認証に成功し，他人の写真を誤って認証したケースはなかった。

このように，数字で示せば，どれだけの認証ができたのか一目瞭然となります。

あるいは，ロボットに石段を登らせたとします。このときも，

例 2.2

【×な例】

ロボットは石段を力強くすばやくしっかりと登ることができた。

ではなく，つぎのように，測定時の状況と結果を数値で記します。

例 2.2

【○な例】

香川県琴平町の金刀比羅宮表参道から御本宮までの 785 段，高低差 176 m の石段において，20XX 年○月○日 10 時 14 分より登坂実験を試みた。当日の天候は晴れ，スタート時の気温は 23 ℃であった。ロボットは 784 段目までを 6 時間 54 分 32 秒で登った。この時点でバッテリー電圧が 80 %を下回ったため，実験を打ち切った。

このように，**数値を用いて「定量的」に表現します**。

2.1.6　用 語 の 表 記

専門用語の表記は，国立研究開発法人科学技術振興機構のJ-GLOBALサイト[†1]の「科学技術用語」で確かめましょう。次項で述べますが，外来語の語尾に長音符号をつけないなど，工学系の「業界用語」もあります。

卒業研究で開発する**アイテムには，役割がわかり，ほかの要素と区別できる名称をつけます**。たとえば，「障害物を検出する超音波センサを開発する」と記すよりも，「障害物検出モジュール」とアイテムの名称をつけて「超音波センサを用いた障害物検出モジュールを開発する」と記すほうがわかりやすくできます。

名称をつけなければ，説明ができません。具体的にアイテムを限定できる名称とします。「開発したモジュール」と述べるよりも，つけた名称を用いて「障害物検出モジュール」と説明するほうが，アイテムをきちんと指し示すことができますから，読み手に誤解されることも防げます。

2.1.7　外来語の表記

日本語には，外国語をカタカナとして記述できる便利な機能があります。工学系卒論にも「マイコン」や「シミュレーション」「システム」など，外来語は多数用いられるでしょう。ところが，なじみのない外来語が多用されていると，読み手にとってわかりにくい文となります。ですから，専門用語やごく一般的なものを除いては，なるべく外来語を用いないようにします。

外来語に関して内閣告示[†2]では「英語の語末の-er, -or, -arなどにあたるものは，原則としてア列の長音とし，長音符号『ー』を用いて書き表す」とされています。これに対して機械・電気・情報系では原則的に「ー」を用いません。たとえば，「センサ」「モータ」「コンピュータ」「レーダ」「エレベータ」「ユーザ」などのように表記します。ただし「エネルギー」のように長音符号を用いるものもあります。外来語についてもJ-GLOBALサイトで確認します

---

†1　https://jglobal.jst.go.jp/（2020年1月現在）

†2　http://www.mext.go.jp/b_menu/hakusho/nc/k19910628002/k19910628002.html（2019年9月現在）

が，「科学技術用語」にない語に関しては神経質にならなくてよいでしょう。

ほかに綴りまちがいやすい語に，「シミュレーション」があります。「シュミレーション」ではありません。

2.1.8 やってはいけないこと

論文の書き手には，そこに記されていることが，業界の標準的なルールに則って得られたデータであることを保証する責務があります。作っていないシステムを「作った」とすることや，測定していないデータを「得られた」とすること，都合の悪いデータの数値を消すことや変更することは偽装であり，改ざんです。絶対にしてはいけません。

コピペ（コピー&ペースト）も許されない行為です。たとえ，無料で手に入る状態でネット上に公開されている文章や図表であっても，書き手の考えを表現したものは著作物です。

著作権法には，

> 第十条… この法律にいう著作物を例示すると，おおむね次のとおりである。
> 一　小説，脚本，論文，講演その他の言語の著作物
> 　　⋮
> 六　地図又は学術的な性質を有する図面，図表，模型その他の図形の著作物
> 　　⋮

とあります。印刷物はいうまでもなく，ネット上にあっても文章や図表は著作物です。それらを剽窃（ひょうせつ）[†1]したり，盗用（とうよう）[†2]したりすることは，盗作（とうさく）[†3]であり，許されない行為です。文章や図表をネットや本でみつけ，コピーして自分の

---

†1　他人の文章や詩歌などを，こっそり自分のものとして使って発表すること。（出典：『角川必携国語辞典』，KADOKAWAより抜粋）

†2　許しを得ないで他人の・発明した（所有する）ものを使うこと。〔ふつう，デザイン・特許・文章などにいう〕（出典：『学研 現代新国語辞典』改訂第六版，学研（Gakken）より抜粋）

†3　他人の作品を自分のものとしたり，一部を自分の作にとり入れて無断で使うこと。また，その作品。（出典：『角川必携国語辞典』，KADOKAWAより抜粋）

ファイルに入れるだけなら悪いことではありませんが，それを公開したり，他人に渡したりすれば犯罪です。

論文は提出するものです。提出したものにコピペが含まれていては，剽窃となります。剽窃を含むものは，論文としては認められません。

2.1.9 盗用しない

どこからが許されない盗用かは，グレーな領域もあります。わかりやすい説明をみつけ，それをそのまま，あるいは抜き出してコピペしたのでは盗用です。けれども，その文章をよく読み，丸暗記ではなく理解し，原文をみないで自分の言葉で記したのであれば，そこには書き手の思想や考え方が反映されます。つまり書き手の著作物となります。

図も同様です。なぜわかりやすいのかを子細に観察し，どこがわかりやすくしている点かを考えましょう。そして，お手本をもとに頭の中でイメージを構成します。元図をみないで作図したのであれば，図に示される情報や考えは，書き手独自のものとなっているはずです。

いうまでもありませんが，他人の数値やデータを自分で計測したものとすることは盗作です。グラフの形を変えたとしても，それは著作ではなく，偽装工作です。絶対にしてはいけません。

2.1.10 引用について

ときにはほかの人の文言を引用しなければ論文を構成できないこともあります。この際には，「目的上正当な範囲内」に限って，以下のすべてを満足するときのみ，引用として認められます。

引用の定義

① 公表された著作物である
② 主従関係が「従」である
　従（引用と認められる）：自分の趣旨や文章の展開を裏づけたり保証するためや，他人の著作物を論評するための利用
　主（引用としては認められない）：自分がなにかを表現する代わりとして他人の著作物に代弁させるような利用
③ 引用箇所が明確にわかる（カッコで括るあるいは斜体字とするなど）
④ 引用の必然性がある（内容的に自身の著作物と引用される著作物とに密接な関係がある）
⑤ 必要最小限の分量である
⑥ 原作のまま引用（誤字を含めて改変・修正していない）
⑦ 引用元を参考文献リストに示している

引用として認められるものは文字（文章）だけであり，図表の引用は認められません†。

† 論文では図表の引用はしませんが，書籍では著作権者の許諾を得て引用されることがあります。

2.2 論 文 の 構 成

2.2.1 全 体 構 成

工学系であれば最終学年になるまでに，多くの実験レポートを書いてきたと思います。実験は，講義で習った知識を測定を通じて理解することと，測定技術を修得することに加えて，レポートの書き方を学ぶことを目的とした科目です。ですから，実験レポートの書き方を身に付けているのなら，卒論を記すこともできるのです。

実験レポートを思い出してください。そこには，定められたフォーマットがあったことと思います。タイトルと日付と名前を記す表紙。それに続いて，実験の目的，実験の理論，実験方法，実験結果，そして最後に考察を記したことでしょう（**図 2.1**）。じつは，これが工学系卒論の基本構成となります。研究開発したことを読み手に伝えるためにできあがったフォーマット，といえるかもしれません。このフォーマットに沿って卒論を記します。

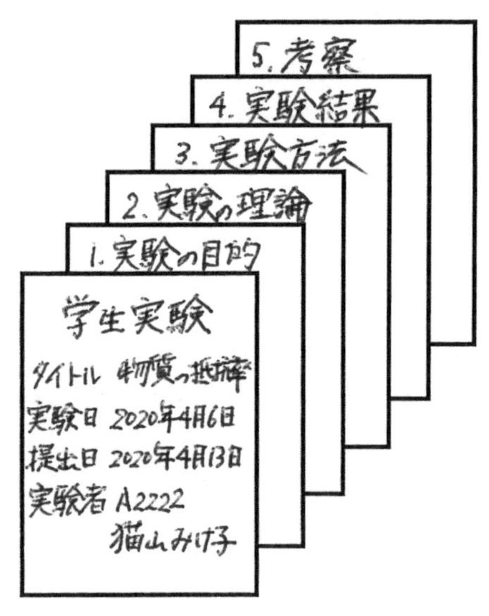

（a） 実験レポート

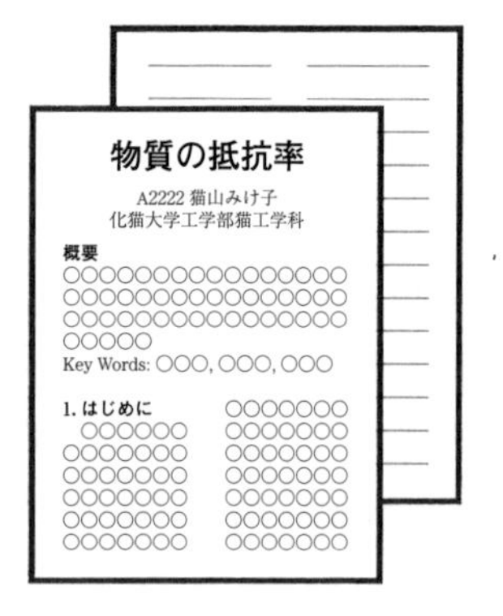

（b） 卒　論

図 2.1　実験レポートと卒論

ただし実験レポートは，書き手がその実験を通じて学んだことを示すために記しました。これに対して卒論は，「書き手が作ったものや測ったことをほかの人に知ってもらう」という観点から記します。

ですから，なぜこの研究開発を必要としたのかを読み手に知ってもらうことから始めます。これが「はじめに」です。続いて，研究したことや開発したものを説明します。ここが「アイテム（コラム6参照）の記述」です。それに続く「測定方法」「測定結果」「考察」ではアイテムの性能を，不十分な機能や特性も含めて，明らかにします。

実験レポートと卒論の構成を比較すると，以下のようになるでしょう。

実験レポート	卒論（卒業論文）
タイトル	タイトル
著者名	著者名
提出日付など	
	概　要
実験の目的	はじめに／緒言／まえがき／背景と目的
実験の理論	アイテム（コラム6参照）の記述
実験方法	測定方法（実験方法）
実験結果	測定結果（実験結果）
考　察	考　察
	おわりに／まとめ／今後の展望
	謝　辞
参考文献	参考文献

それでは，卒論の「顔」の部分から説明しましょう。卒論の先頭はタイトルです。論文に何が記されているかを表す重要な一文です。

それに続いて著者名を記します。タイトルと著者名をそれぞれ和文と英文で記すフォーマットもあります。研究会の予稿では著者名に続いて所属を，卒論では学生番号と研究室名など，指定された項目を記します。

概要は，指定された文字数の範囲で，その論文の内容を簡潔に述べます。全体的な内容を踏まえてまとめる必要があるので，**概要は論文の前に挿入するのですが，記すのは最後にします。**

概要に続いてキーワード（key words）を示します。今日では Google などの検索エンジンの性能が高くなり，キーワードを使わなくても探せるようになりましたが，前世紀の頃は，これを使って論文を検索していました。現代でも，論文の要点を表すために残されています。同じ分野の研究を志す人たちに共通する3～5語を選びます。

ここまでが論文の「顔」です。CiNii や Google Scholar などの検索システムで論文をみつけると，ここまでの情報，すなわちタイトルと著者名，そして概要が示されます。論文を検索した人はここまでを読んで，本体を読むかどうかを決めるわけです。

さて，ここからが論文の「本体」です。それでは，記す順序にしたがって説明しましょう。

【コラム6】

アイテム

「アイテム」は，日本産業規格 JIS Z 8115：2019『ディペンダビリティ（総合信頼性）用語』で以下のように定義されています。

192-01-01　アイテム　対象となるもの。

注記1　アイテムは，個別の部品，構成品，デバイス，機能ユニット，機器，サブシステム，又はシステムである。

注記2　アイテムは，ハードウェア，ソフトウェア，人間又はそれらの組合せから構成される。

（以下略）

このように，JIS ではエンジニアリングにおいて用いられるものや製作されるものを，すべて「アイテム」と呼びます。本書でもその意味で「アイテム」を用います。

2.2.2 タ イ ト ル

〔1〕**文　字　数**　ポータルサイトのニュースヘッドラインは，みた人が読むか読まないかを決められるように，一文でその内容を表すように書かれています。ヘッドラインの最大文字数は，Yahoo! JAPAN が 15 文字，MSN が 17 文字，読売新聞オンラインと毎日新聞が 22 文字，朝日新聞デジタルが 26 文字，産経ニュースが 45 文字，くらいでした。「くらい」とぼかしましたが，これは数日分の Web ページをみて数えた結果であって，上限に達したとの証拠はないからです。

しかし，「くらい」や「数日」のようなあいまいな記し方では，論文としては失格です。なぜなら，データを採取した期間を示せば，「くらい」とぼかす必要もなくなるからです。ちなみに年は西暦とします。

例 2.3　2017 年 10 月 1 日から 5 日間，20 ～ 21 時の間にニュースサイトにアクセスし，ニュースのヘッドライン文字数を数えた。表 1 に Web ニュースヘッドライン最大文字数を示す。

表 1　Web ニュースヘッドライン最大文字数

ニュースサイト名	URL（2019 年 9 月現在）	ヘッドライン最大文字数
Yahoo! JAPAN	https://www.yahoo.co.jp/	15
MSN	https://www.msn.com/ja-jp/news	17
読売新聞オンライン	https://www.yomiuri.co.jp/	22
毎日新聞	https://mainichi.jp/	22
朝日新聞デジタル	https://www.asahi.com/	26
産経ニュース	https://www.sankei.com/	45

人はタイトルをみて，その記事を読むかどうかを判断します。ですからヘッドラインでは，「いかに内容をコンパクトにまとめるか」が勝負となります。

論文のタイトルも同じです。論文を探す人は，タイトルで検索します。サブタイトルを併用したとしても，産経ニュースの文字数を超えない長さで，論文の内容を表すタイトルをつけましょう。

〔2〕 **タイトルの付け方**　　タイトルに必要な情報は，その**論文がなにについて書かれているのか**です。短く表すのが最適ですが，短すぎて不明確になっては元も子もありません。タイトルには，「なにを研究し，どのような知見（ちけん）† を得たか」をコンパクトに表すことが求められます。

たとえば，以下のようなタイトルがあったとします。

・SNS の研究

・表情認識に関する一考察

・エンジンの燃焼特性の分析

「お～，がんばって研究しているな」とはわかります。ですが，なにをやったのか，どのようなことを対象としたのかは，曖昧模糊（あいまいもこ）としてわかりません。

そこで，タイトル末尾の「修飾語」，

・～の研究

・～に関する一考察

・～の分析

を切り取って考えます。するとタイトルは，

・SNS

・表情認識

・エンジンの燃焼特性

となります。どうでしょう。なにをやったのか「明確でない」ことが明白となります。

まずは「SNS」です。「…の研究」と記せば，それだけで研究について記したような気になるのですが，読み手にはなにを研究したのかはわかりません。ありとあらゆることを調べた1冊の本であれば「SNS の研究」とのタイトルもあり得ます。しかしそれは，学部の卒論や数ページの学術誌論文の分量ではありません。ですから，SNS に関して，なにを研究したのかをタイトルに加えます。たとえば，

---

† 〔知識と見解の意〕獲得・蓄積された専門的知識と，一連の現象をいかに考えるかという総合的観点。（出典：『新明解国語辞典』第七版，三省堂より抜粋）

・SNSにおける投資関連ワードと株価の推移

・災害時のSNS投稿とアクセス数

・SNSのセキュリティ脆弱性

などのように，なにを調べたのかを記せば，研究の内容がみえてきます。

つぎに，「表情認識」です。これだけを書かれたのでは，なにかを調べたのか，あるいは「表情認識」のためのシステムを構築したのか，それとも，ほかのアプリケーションに用いたのか，さっぱりわかりません。

・表情認識に用いられるアルゴリズムと認識精度

・○○ソフトウェアパッケージを用いた表情認識システム

・表情認識を用いたユーザの商品に対する反応判別

のように記せば，その論文に記された内容を予測できます。

「エンジンの燃焼特性」も然り（しか）です。なにかを調べたのか，あるいは特性を向上させるための工夫がなされたのかわかりません。そもそもエンジンといったところで，携帯できるものから船のディーゼルエンジンや飛行機のジェットエンジンまで多くの種類があります。ですから，

・○○型ディーゼルエンジンのシリンダ形状による燃焼特性の向上

・外気温および気圧によるターボファンエンジンの燃焼特性の変化

のように，エンジンの種類を特定し，そこでなにを研究したのかを示します。

以上をまとめると，つぎのようになります。

論文タイトルのつけ方①

・論文のタイトルには，以下（の2項目以上）を表します。

・対象はなにか

・目的はなにか

・どのような技術を用いたか

・どのような（測定）結果を得たのか

・末尾に「～の研究」「～の考察」「～の開発」「～の分析」「～の調査」「～の評価」「～の改良」「～の提案」などの修飾語をつけないで考えます。

【コラム 7】

性能と特性

辞書には，

> ・「**性能**」… **機械などの性質や能力。**
> ・「**特性**」… **そのものだけがもつ，特別な性質や能力。**
> ・「**性質**」… **その人やものが，もともともっている傾向や特色。**
> ・「**能力**」… **あることをなしとげることのできる力。**
>
> （出典：『角川必携国語辞典』，KADOKAWA より抜粋）

と説明されています。

エンジニアリングにおいては，「エンジン性能を測定する」と「エンジン特性を測定する」のどちらも使われますが，どちらかといえば，「特性」は，ある入力パラメータを変化させたときのアイテムの応答を意味します。「エンジン特性」であれば，回転数をパラメータとしたときのトルク，入力する空気量をパラメータとしたときの燃料供給量，など個別のパラメータに対するグラフです。これらの「特性」が集まって，「性能」を構成します。

なお，「性能」と「特性」はアイテムに対してしか用いない語ですが，「性質」と「能力」はアイテムにも人にも用います。

〔3〕 **内容を表しているか**　最もふさわしくないタイトルは，内容と乖離（かいり）したものです。たとえば，

例 2.4　太陽電池を用いた災害用緊急電源の研究

とあれば，読み手は「災害時に使える電源について記されている」と期待します。ところが太陽電池の話ばかり，あるいは災害のことは書いてあるけれども電源の記述はない，はたまたふつうの電源について述べられているけれども緊急とどうかかわるのか不明，だったらどうでしょう。タイトルと内容が合致していないことになります。

このような失敗をしないためにも，論文を終わりまで記したら振り返って，

論文のタイトルのつけ方 ②

- **タイトルは論文の内容と合っているか**
- **結果に示したデータは，タイトルに合ったものか**
- **考察に記した内容は，タイトルに関連しているか**

を確認しましょう。

〔4〕 **略語を使わない**　タイトルには，略語や通称は用いません。

例 2.5

【×な例】

Li-Po バッテリーの充放電特性

【○な例】

リチウムイオンポリマーバッテリーの充放電特性

例 2.6

【×な例】

UAV を用いた作物生育状況計測システム

【○な例】

小型無人航空機を用いた作物生育状況計測システム

例外として，当該分野で「常識」といえるほどに一般的な略語は用いることもあります。

例 2.7　PID 制御法を用いた自動搬送車の速度制御

なお，元素記号は略語ではありません。「AlFeTi 合金における○○性能の向上法」のようにタイトルに用いることができます。

〔5〕 **英文タイトル**　　タイトルは「〜の研究」「〜の考察」「〜の開発」などの修飾語をはずして考えると述べました。日本語ではこれらの修飾語をタイトルに入れてよいのですが，**英語ではこれらの修飾語は不要です**。これは言語の違いということかもしれませんが，考えてみれば合理的です。なぜなら，論文のタイトルなのですから，「研究」と入れなくても研究であることはわかります。「考察」と入れなくても，なにかを考えた内容が記されているはずです。「開発」と記さなくても，ハードウェアやソフトウェアを開発したから報告を記したに違いありません。英文タイトルでは，これら当たり前のことを書きません。

例 2.8　A ~~Study of~~ Robot Control Algorithm with Reinforcement Learnings

例 2.9　~~Development of~~ Automatic Control Methods for an Unmanned Aerial Vehicle

日本語タイトルで略語を用いたときにも，英文タイトルでは省略しません。例 2.7 を英訳するとつぎのようになります。

例 2.10　A Speed Controller for an Automated Factory Carrier using Proportional-Integral-Differential Control

2.2.3 名　前

漢字で表記する氏名は，名字と名前の間にスペースを入れるか入れないか，入れるなら全角か半角かを確認します。細かいことと思われるかもしれませんが，フォーマットには「細心」の注意をはらいます。

ローマ字表記は欧米式に“first name”と呼ばれる名前を先に，半角スペースを入れて“surname”あるいは“family name”はたまた“last name”とも呼ばれる名字を後に記すのが一般的です。名字だけを大文字で記すフォーマットもあります。発表しようとする卒論集や学術誌のフォーマットがどうなっているかを確認してください。

ローマ字表記はヘボン式を用います。「英語」の時間に習ったかと思いますが，英語に長母音はありません。たとえば「おおさか」を“Oosaka”とは記しません。“Osaka”と綴ります。「とうきょう」は“Tokyo”であって“Toukyou”ではありません。そのほか促音（そくおん）（「っ」）拗音（ようおん）（「しょ」など）が氏名に含まれている人は，外務省のホームページ†などで確認しましょう。ワープロは，ヘボン式に入力しなくても変換してくれます。たとえばATOK 2019では“sho”と入力しても“syo”と入力しても「しょ」と変換します。パスポートをもっている人は，パスポートと同じ表記にします。

2.2.4 「はじめに」

論文の最初の章です。「はじめに」「まえがき」「緒言」「背景と目的」などのタイトルとしますが，それぞれの分野の慣習もありますので，当該分野の論文を参考に指導教員と相談して決めましょう。ここでは「はじめに」と題して論じます。

〔1〕**「はじめに」とは**　「はじめに」の目的は，**その研究開発がどれだけ役立つものかを読み手に伝える**，ということです。そのために，研究開発を必要と考えた状況（背景）と始めるに至った動機，論文で「なにをどこまで明ら

† https://www.ezairyu.mofa.go.jp/passport/hebon.html（2019年9月現在）

かにしたい」のか，つまりはその**研究の目的**と**論文の目標**を示します。

エンジニアリングでは，クライアントの要求を実現するための，あるいはクライアントの課題を解決するための**アイテム**を開発します。たとえば宇宙空間に行くエレベータ，交通渋滞を回避するナビシステム，使い終えたら分解されるプラスチック，などの新たな提案を，それをサポートするデータ（計測データ，あるいはシミュレーション，理論的計算）を添えて論文に記します。

論文の先頭となる「はじめに」では，困っていることはなにか，それをどう解決したいのかを述べます。これが研究の目的です。具体的には，書き手は課題にどう立ち向かうのか，どのようなアイテムを実現したいのか，実現できればどんなメリットがあるのか，を述べます。これが論文の目標となります。また，ほかの人たちがどのような解決案を提案しているのか，それらとどこが違うのかを記します。

〔2〕 **研究の必要性**　解決すべき課題が不明確では，開発されたアイテムが有用なのか否かもわかりません。開発の目的を理解してもらうためには，研究の必要性を読み手に説明します。

（1） **状況と動機を説明する**　「なぜ」「なんのために」そのアイテムを開発しようと考えたのか，あるいは完成すれば「どのようなメリットがあるか」との動機（必要性）を記します。研究は，なんらかの課題を定義して，その解決のために始めます。たとえば，

> **例 2.11**　□□統計（文献番号）† によれば，家庭用殺虫剤からの大気中への化学物質放出量は年間 100 t を超える。△△製薬の推計（文献番号）では，そのうちの約 50 ％がゴキブリ退治のために使われている。自律的にゴキブリを捕らえるロボットができれば化学物質放出量を低減できると考えて，開発に取り組んだ。

† 2.2.11 項で述べますが，論文や書籍などを参照したときには，本文中に半角上付き数字で文献番号を示し，論文の末尾に参考文献リストを示します。

のように，状況（年間 100 t を超える化学物質放出）を示し，動機（化学物質放出量を低減したい）を述べれば，読み手に研究の必要性を理解してもらえます。

例 2.11 のように信頼できる統計数値を引用できれば，説明は説得力をもちます。ですが，たとえ関連する報告や統計をみつけられなくても，開発の必要性を主張することはできます。

> **例 2.12**　夜中に室内を這（は）うゴキブリをみつけると，ベッドに入ってくるのではと恐怖に駆られて眠れなくなる。筆者は睡眠不足を防ぐため，ゴキブリ捕虫ロボットの開発を試みた。

例 2.12 もロボットを作ろうという切実な思いと，完成したときのメリットは明確に述べられています。

（2） 研究の位置づけ　「すごいアイデアだ！」「だれもやっていないに違いない」と思いついても，だれかがどこかで同じようなことをやっているものです。まずは論文を検索し，それらを読み，参考にできる点がないかを考えます。その論文に記されたアイデアや結果の一部を応用することもかまいません。必要なのは，違う点を主張することです。

> **例 2.13**
>
> 【×な例】
>
> ○○（文献番号）は，1 μs 幅の送信パルスを用いた赤外線フェイズドアレイレーダによる害虫探査機を報告した。本研究ではパルスを 100 ns にすることにより，レーダの性能向上を目標とする。

例 2.13【×な例】では，要約が不十分であり，また，「レーダの性能」も具体的ではありません。ですから，たとえば以下のように性能向上を図る点を述べます。

例 2.13

【○な例】

○○（文献番号）は，1 μs 幅の送信パルスを用いて体長 20 mm の虫を検出可能とする赤外線フェイズドアレイレーダを報告した。本研究ではパルスを 100 ns にすることにより，体長 5 mm の虫まで検出できるようレーダの分解能向上を試みる。

例 2.13【○な例】では，○○（「○○」は論文の筆頭著者の名字。複数著者のときは「○○ら」とする）の提案した解決案（とその性能）を**一文に要約し**，そのうえで，示した研究と対比して，どこに自分の研究の「新しさ」があるのかを記しています。

過去の論文とまったく同じことをやったのでは，卒業研究であろうと「論文」にはできません。ところが，研究がまったくの「新規」ということもありません。ですから，ほかの研究とどこが「違う」のかを示します。たとえ，同じデバイスを用いたとしても，使用環境が異なれば異なったデータが得られるように，どこかを工夫すれば，なにかが変わります。それが「新しさ」なのです。

（3）**参考文献に関して二言**　研究の位置づけのためにほかの論文に言及するのですが，ときとして，書き手の研究との関連を述べていないものをみかけます。参考文献として掲げるからには，書き手の研究との関連を記します。

また，参考文献について述べるときに，非難・中傷をしてはいけません。

例 2.14

【×な例】

○○のレーダでは体長 20 mm 未満の虫がみつけられないから，性能不足で使い物にならない。

記されていることを感情を挟まずに要約し，そのうえで，書き手の研究ではどこを改良するのかを述べます。

〔3〕**課題と解決案**　アイテムを開発するときには，その**アイテムを用**

いて解決しようとする課題を定義します。アイテムは状況の解決を図って作るのですから，状況の中のなにを解決しようとするのかを定義しなければ，作ることはできません。つまり，課題として定義された状況の解決が**開発の目的**となり，状況を解決するためのアイテムが**解決の手段**となります。

この**課題と解決案の関係**，すなわち，**目的と手段の関係**を考えます（**図2.2**）。目的を達成する手段は，一つではありません。図には一部しか示していませんが，たとえば「安心して眠れるようにする」目的のためには，「虫を捕まえる」「虫を殺す」のほかにも，「虫を追い払う」「(粘着シートなどの方法で）虫を動けなくする」「食虫植物を栽培する」などの手段が考えられます。

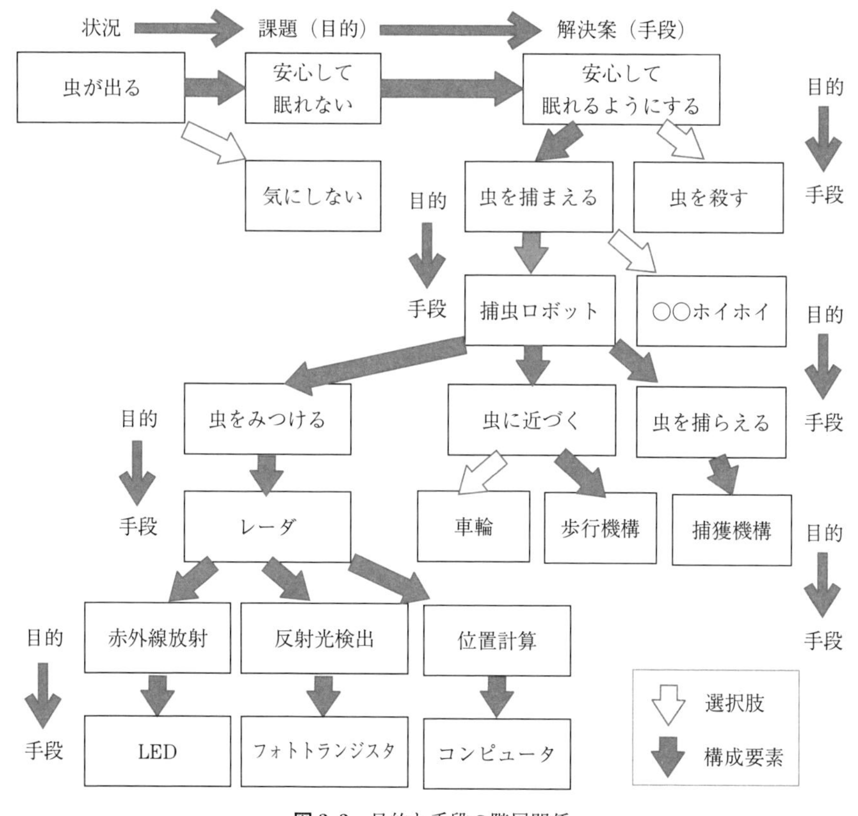

図2.2　目的と手段の階層関係

このうちの一つの手段を選んでアイテムを考案することが，研究開発となります。

さらに，図に示すように，あることを解決しようとして手段を考えると，その手段を作ることが再び目的となり，その目的を達成するための手段が必要となり，その手段を作ることが，…，と何層にも目的と手段の関係が繰り返されます。この何層にも繰り返される目的と手段の「階層」の中から，どこかを選んで研究開発がなされます。

ですから，「はじめに」では，選んだ階層を説明します。たとえば，「捕虫ロボット」という目的の階層を選んだのなら，「虫をみつける」「虫に近づく」「虫を捕らえる」の手段の階層とともに記します。「虫をみつける」を目的とするなら手段である「レーダ」を，「レーダ」を目的とするなら手段としての構成要素とともに説明します。

〔4〕 **なにをどこまで明らかにするのか**　「はじめに」ではこの論文で，「なにを」「どのように」「どこまで明らかにするか」を述べます。**論文の目標**です。あるいは論文のゴールといってもよいでしょう。たとえば捕虫ロボットでは，

・虫レーダの位置検出精度を ±10 mm まで向上させる
・虫レーダの検出範囲を 2 倍に拡大させる
・捕虫機構の命中精度を 25 %高める
・ジャイロセンサを搭載して，ロボットの歩行方向のずれを 2° 以内にする
・ゴキブリに気づかれないように，歩行機構の振動を 0.1 cm/s^2 以下に減らす

のように，目標を簡潔かつ具体的に記します。**「はじめに」で目標を示して，その達成度合いを「測定結果」で述べます。**

〔5〕 **研究範囲を明確にする**　研究は，チームで進めることもあります。この場合，研究会や学術誌などへの学外発表では全員の名前を記載（共著）しますが，卒論は 1 人の名前（単著）です。ですから，全体のシステムを説明し，それに続けて書き手の担当部分がどこからどこまでかをはっきりとわかる

ように記します。

たとえばチームでゴキブリ捕虫ロボットを研究し，その中で捕獲機構を担当しているとします。このとき，

> **例 2.15** 本論文では，ゴキブリ捕虫ロボットに搭載する粘着銛（ねんちゃくもり）発射機構について報告する。

のように，書き手の研究した範囲がどこまでかを明確にします。

あるいは，プロジェクトが何年もかかる壮大な研究の一部だとします。このときには最終ゴールと途中経過を簡潔に述べて，「本研究では～」と書き手の担当範囲を明らかにします。

> **例 2.16** ○○（文献番号）らは，安眠妨害となるゴキブリの駆除を目的として，住宅の天井も移動可能な六足歩行機構を開発した。本研究では，ゴキブリに気づかれないように粘着銛の射程範囲内に接近することを目的として，歩行機構の振動低減を試みる。

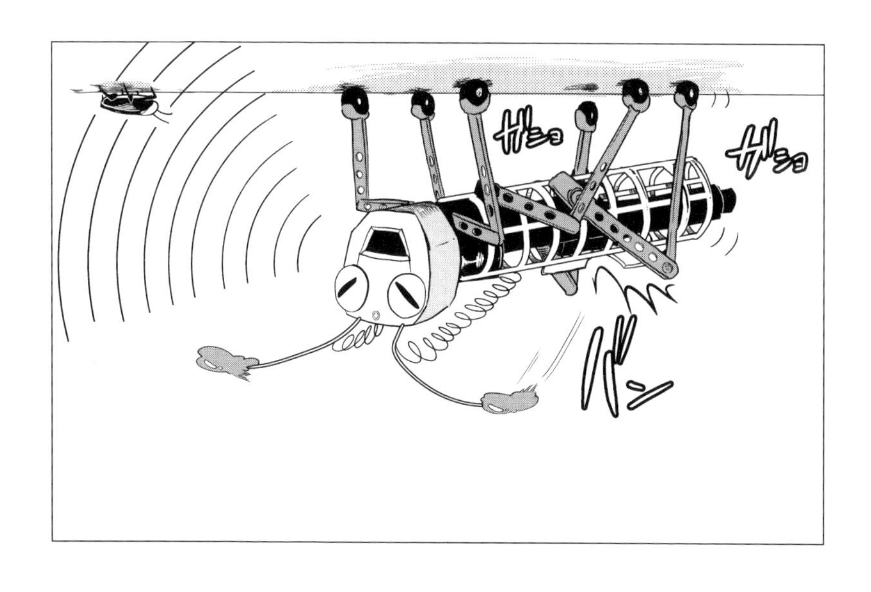

〔6〕 **文 末 表 現**　論文を記した時点では，それまでの研究で調べたこと，考えたこと，作ったこと，測ったことなどは過去の経験です。ですから文末を「～した」や「～であった」とする方法もあります。

ところが，過去に考えたことや決めたことであっても，論文執筆時点まで続いている状態については，「～する」や「～である」としたほうが違和感を抱（いだ）きません。たとえば，例 2.11 と例 2.12 の「～退治のために使われている」や「～恐怖に駆られて眠れなくなる」などです。

1.4.2 項で説明したように，日本語に明確な時制はありません。ですから，過去にあったことを「～する」や「～である」と記すこともできます。むしろこちらのほうが，書きやすく，また読み手にも読みやすくなります。このように記すことをおすすめします。

ただし，ほかの人の研究報告については，書き手の執筆よりも前に書かれたものですから「～した」や「～であった」と記しましょう。

〔7〕 **気をつけること**

（1） **読み手に推測させない**　つぎの文を読んでみてください。

> **例 2.17**
>
> 【×な例】
>
> さまざまな理由から，搬送装置に関する研究開発がいろいろと行われている。

これでは，理由がなにか，どのような研究開発がなされているのか，まったくわからないでしょう。

論文では，「さまざま」や「いろいろ」のような，**書き手のいいたいことを推測させる表現を使用しません**。なぜなら，読み手にはそもそもなにがあるのか，わからないからです。「書いた人もわかってないからこう記しているのだろう」と思われるだけです。例 2.17【×な例】の文では理由（課題）がなにか，それに対してどのような解決案が試みられたのかなど，状況をなにも説明していません。

ですから「さまざま」ではなく，その研究を必要とする理由を示し，「いろいろ」ではなく，書き手が参考とした研究報告（参考文献）に言及して要約し，書き手がなにを改良しようと試みるのかを具体的に述べます。

例 2.17

【○な例】

○○（文献番号）は，自動倉庫の棚の間を走行する搬送装置の高速化を目的として，走行中に無接触で充電するシステムを開発した。本研究では，充電時のエネルギー伝送効率の向上を目的として，電力伝送回路の改良を試みる。

（2）**「など」を使わない**　「など」は，例のほかにもなにかがあることを類推させる助詞です。たとえば，

例 2.18

【×な例】

ブレーキ動作時にベルトがはずれるなどの問題がある。

などと記されていることがあります。ここで，書き手が「ベルトがはずれる」ことに悩まされていることはわかりますが，ほかにどんな現象に困っているかはわかりません。対処すべき事柄は，すべて列挙します。論文では「など」を使いません。

例 2.18

【○な例】

ブレーキ動作時のベルト脱落，進行方向の変化，姿勢の傾きを防ぐために，××制御を試みた。

エンジニアリング・デザインでは，対処すべき事柄をすべてリストにします（要求項目）。リストに抜け落ちがあると，解決案はアイテムに組み込まれません。論文も同じです。対処すべき対象をすべて示さなければ，開発したアイテ

ムがどれだけの効果をもたらしたかの議論もできなくなります。「など」とぼかしていては，きちんとしたリストを作れません。

（3）**「課題」・「問題」と言い換えない**　「課題」や「問題」と言い換えた文をみかけます。例 2.19【×な例】もその一つです。しかし，**これらの言い換えは，読み手になんの情報も提供しません**。なぜなら，

> **例 2.19**
>
> 【×な例】
>
> 製品は，低温特性についての課題を抱えている。

では，「温度が低くなったときに，なんらかの機能低下」があることはわかるのですが，それがなにかわかりません。ですから，低下する機能を直接的に記します。この例では，

> **例 2.19**
>
> 【○な例】
>
> 冬期には，製品の起動前に予熱を必要とする。

ということかもしれません。

ほかにも，**「欠点」や「弱点」への言い換え**もみかけます。言い換えをすると，書き手は説明したような気になるのですが，読み手にとってはわからないままです。足りないことや欠けていることをはっきりと説明しましょう。

（4）**「〜という（＋名詞）」との言い換えを使わない**

「課題」や「問題」という語は，「〜という」と結びついて「〜という課題」や「〜という問題」として頻出します。例を挙げれば，

> **例 2.20**
>
> 【×な例】
>
> 高齢化という問題に対処するため…

のような表現です。

例 2.20【×な例】の「という問題」を除いて，「高齢化~~という問題~~に対処するため…」とすれば，なにに対処するのかを説明していないことが，はっきりとします。じつのところ，「高齢化」は問題ではありません。「高齢化」が招く状況が，対策を要する対象となります。たとえば，書き手は，

例 2.20

【○な例】

高齢化による労働人口の減少に対応するため…

と考えていたのかもしれません。ところが，「問題」と言い換えたために，解決を目指す対象をわからなくしています。

論文では「～**という（＋名詞）**」**との言い換えを使わない**ようにします。というのは，単なる言い換えでは，対象を明確化することも限定することもないからです。類例を**表 2.1** に示します。

表 2.1　「～という（＋名詞）」例

×な例	○な例
pdf という名でファイルを保存する。	pdf 形式でファイルを保存する。
認識精度を向上させようという試みを，	認識精度向上の試みを，
データの保存という処理を，	データの保存処理を，
出力○○という結果を得た。	出力は○○であった。

ところで，この 2.2.4 項〔7〕（4）の本文では，ここまでに「という」を 2 回使いました。これらは，いずれも言い換えではありません。『「課題」や「問題」』をまとめるため，あるいは「というのは」と接続詞的に用いたものです。論文では，単なる言い換えをしないようにしましょう。

（5）　**当たり前のことを記載しない**　　論文の冒頭で，

例 2.21

【×な例】

近年，スマートデバイスの普及とともにソーシャルメディアの役割も高

まっている。SNSはそのリアルタイム性から，マーケティングにも利用されるようになってきた。そこで，SNSに現れる新製品関連語句を発売の前後それぞれ1か月間調査した。

のように，だれでも知っているようなことをわざわざ記したものをみます。前置きのつもりかもしれませんが，余計な一文です。

冒頭の文は，論文への導入を図る重要な役割を担います。ここに記されていることは，論文で議論されていると期待されるのです。にもかかわらず，関係のない話題をもってきては，読み手の誤解を招くかもしれません。

例2.21では，SNSを用いたマーケティング情報解析について述べるのなら，最初の文を削除して，つぎの文「SNSはそのリアルタイム性から，…」から始めても，読み手が受け取る情報量は減らないでしょう。**論文には，情報をもたない文を入れないようにします。**

また，**「近年」や「今日」などの相対的な時点を示す語は使いません。**なぜなら，論文が読まれるのは，書かれてより先の時点です。読み手には，いつが「近年」なのか，いつが「今日」なのかがわかりません。経験的にいえば，冒頭に「近年」や「今日」が入る文は，まず論文の内容とは関係しません。

（6）「先行研究」と記さない　「先行研究」と記されていても，読み手にはなんの情報も伝えません。

例2.22

【×な例】

先行研究では，自動二輪車走行時の加速度が計測された。

所属する研究室の先輩の研究を引き継いだときには「先行研究」との意識もあるでしょう。あるいは，だれかの論文で発表された方法を改良／応用／発展させるときもあるでしょう。ところが，論文を読む人には，書き手がどの論文を「先行研究」と考えているのかわかりません。

ですから，だれの論文を意識しているのかを，

例 2.22

【○な例】

△△(文献番号)は，自動二輪車の乗り心地評価のため，3軸加速度センサを用いて走行時に乗員に加わる加速度を計測した。

のように，著者名を記して，原則として一文に要約して示します。

（7）**「本研究室」と記さない**　以下のような記述をみかけます。

例 2.23

【×な例】

本研究室では，天井走行ロボットの研究を行ってきた。前年度の研究において，ロボットの天井走行に成功した。

読み手の立場から読んでほしいのですが，「どこかの研究室で，だれか知らない人がやった」としかわかりません。

さらにいえば，「本研究室では～」と書いてしまうと，なぜその研究を実施しているのか，その研究が進展するとどのような効果が期待できるのか，などの理由や目的が抜け落ちます。ですから，よく知っている先輩が試作したアイテムであってもルールに則って，

例 2.23

【○な例】

○○(文献番号)は，天井を這うゴキブリを捕まえるため，天井走行機構を開発し，石膏ボード製天井での走行能力を示した。

のように，論文を参照します。

ときには，先輩が留年などの「事情」によって論文を残してくれていないこともあるでしょう。そのときは，先輩には言及しません。論文になっていないのですから，それは研究成果としては認められないのがこの世界のルールです。

（8）**「（動詞＋）～したので報告する」と記さない**　「はじめに」の章の最後の文についてです。ここで「本稿（本論文）では～を報告する」と結ぶことがあります。この表現に問題はありません。ところが，「～をしたので報告する」のように，述語が並べられていると冗長になります。例をみましょう。

・～の原因を検討したので報告する

・～の特性測定を行った結果を報告する

・～の動作を確かめた結果について報告する

これらは，

・～の原因を検討した	・～の原因に関して報告する
・～の特性を測定した	・～の特性について報告する
・～の動作を確かめた	・～の動作を報告する

のように，どちらかの述語を除いたほうがすっきりとした記述になります。

なお，「本研究では～を報告する」としたのでは，主語と述語がねじれます。主語と述語がねじれないように，つねに注意を払いましょう。

2.2.5 アイテムの記述

〔1〕**「アイテムの記述」とは**　「はじめに」の章では，研究の目的と課題解決のための目標を述べました。それに続くこの章では，目標を達成するための解決案を記します。具体的には，**アイテムに用いる理論やメカニズム，アルゴリズムなどの特徴を説明します。**

研究によっては，「アイテムの記述」と「測定方法」の章を合体させることもあります。たとえば，現象の解明や新たな開発のための調査や分析を目的とする場合には，実験を計画することが研究の主要部分となるからです。あるいは，材料開発を目的とする場合も，材料の製作プロセスそのものを実験の一部と考えることもできます。

〔2〕**章のタイトルと構成**

（1）**単 独 の 研 究**　「アイテムの記述」の章は，開発したハードウェアやソフトウェアの名称を章のタイトルとします。たとえば「自転車自動操縦システム」を開発しているのなら，つぎのようにするとよいでしょう。

> **例 2.24**
>
> **1. はじめに**
>
> ⋮
>
> 本稿では，歩行者への迷惑防止を目的として開発した，水たまり検出および回避機能を備えた自転車自動操縦システムについて報告する。
>
> **2. 自転車自動操縦システム**
>
> ⋮

（2）**プロジェクトの一部**　研究室のプロジェクトとして自動操縦システムを開発し，その一部である「水たまり検出モジュール」を担当しているとします。このとき，担当部分を説明するためにシステム全体の説明が必要であるのなら，2章のタイトルは担当部分である「水たまり検出モジュール」として，その中で節を区切って全体から担当部分へと説明するのがよいでしょう。たとえば，以下のようにできるかもしれません。

例 2.25

2. 水たまり検出モジュール

2.1. 自転車自動操縦システム

(システム全体を説明する)

2.2. 水たまり検出モジュール

(システムの中での役割を説明する)

2.2.1. 赤外線センサを用いた水たまり検出方法

(モジュールの中の「システム」の説明。検出原理などを記す)

2.2.2. 水たまり検出モジュールの構成

(全体構成，ハードウェア・ソフトウェア構成などを記す)

⋮　⋮

(3) **独立したモジュールと考える**　プロジェクトの一部として研究開発を遂行したときにも，卒論作成にあたっては，担当部分を独立したモジュールとして，そこだけで説明できないかを考えてください。

モジュールとしての入力がなんであり，入力をどう変換して出力を得ている

かを説明できるなら，たとえモジュールのプログラムがソフトウェア全体の中の一つの関数であったとしても，単独のモジュールとして論文を記せます。

このときには，1章「はじめに」でシステムの中での役割を述べ，2章はモジュールの説明から始めればよいでしょう。たとえば，以下のようにできるかもしれません。

例 2.26

1. はじめに

⋮

本研究では，自転車自動操縦システムの一機能として，水たまり検出モジュールの開発を試みる。

2. 水たまり検出モジュール

2.1 赤外線センサを用いた水たまり検出方法

道路上の水たまりを調べたところ，表面は水平であり，温度分布がほぼ一定となっていた。赤外線温度センサを利用すれば，この状況を利用して，水たまりを検出できると考えて…。

〔3〕 アイテムの記述

（1） **「全体から細部型」にしたがって説明する**　開発したアイテムは全体から細部へ，つまり**最初に全体を説明し，それから順を追って細部へと説明します**。ハードウェアを伴うシステムでは，全体構成から，各部のセンサやユニットへと説明します。ここでは，例 2.25 に示した論文構成の中で，システムの各部を入力から出力の順に説明します。

例 2.27

2. 水たまり検出モジュール

2.1. 自転車自動操縦システム

図1に自転車自動操縦システムの構成を示す。自動操縦コントローラは，ハンドルに取り付けた道路抽出のための2台のカメラ（メーカー名，

型番），左右の前輪フォークに取り付けた歩行者検出のための超音波センサ（メーカー名，型番）および水たまり検出モジュールに用いる赤外線センサ（メーカー名，型番），サドル下に取り付けた車体の傾きを観測する9軸モーションセンサ（メーカー名，型番）からの入力をもとに，ステアリングコントローラ，後輪ドライバ，前輪および後輪ブレーキシリンダをコントロールする。ステアリングコントローラには，ギヤ比 50：1 のウォームギヤを組み込んだステッピングモータ（メーカー名，型番）を用いた。後輪ドライバは，100 W ブラシレス DC モータ（メーカー名，型番）およびチェーンを用いて後輪スプロケットを駆動する。前輪および後輪ブレーキドライバは，電動シリンダ（メーカー名，型番）を用いてブレーキシューを作動させる。

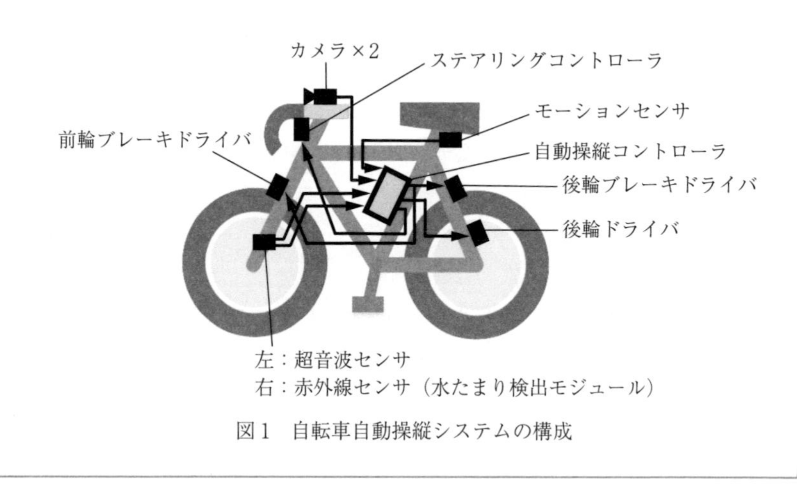

図1　自転車自動操縦システムの構成

全体システムの説明は一つの内容と考えられますので，原則として一つの段落に構成します。段落の先頭の文で「図○に図題を示す。」あるいは「図題を図○に示す。」のように図題をそのまま紹介して，段落を続けながら以降の文で説明を記します。

（2） **要素名称について**　　2.1.6 項で説明したように，それぞれの要素には，ほかと区別でき，なにをするものかを表す名称をつけます。たとえば，例

2.27では前輪舵角を調整する要素に「ステアリングコントローラ」と名づけました。このような要素に「ステッピングモータ」を使っているからと，パーツ名称をそのまま要素名称とした原稿をみます。ところが，ステッピングモータはステアリングを動かすためのパーツです。「目的」を達成するための「手段」です。手段にはほかのパーツ，たとえばDCモータやACサーボモータも採用可能です。そしてこれらのモータは，まったく異なる機構を動かす「手段」としても使うことができます。ですから，手段ではなく，そのものがなにをするものなのか，**システムの中での役割，すなわち目的に基づいた要素名称をつけます。**

（3） **機 器 の 説 明**　研究に使用した機器を紹介するときには，機器名に続いて全角の丸カッコを開き，メーカー名と商品名（型番）を記してカッコを閉じます。日本メーカーは和文表記，欧米メーカーは英文表記とします。「株式会社」などの会社種別は省略します。英文でも“Co., Ltd.”などの会社種別は原則として省略ですが，神経質にならないで適宜（てきぎ）[†1]に略します。登録商標を表すⓇや TM は不要です[†2]。日本法人があっても海外メーカー（中国を含む）の名称は，アルファベット表記とします。

例 2.28

【×な例】

IEEE カメラ（ABC コーポレーション株式会社，ABC-1234 TM）

【○な例】

IEEE カメラ（ABC Corporation.，ABC-1234）

メーカー名と商品名の区切りは，和文表記では全角の「，」を用います。欧文表記では半角の「, 」に続けて「半角スペース」を挿入します。

---

†1　①そのときどきに応じて，自分がいいと思うとおりにおこなうようす。②その場や状況に，よくあてはまるようす。（出典：『角川必携国語辞典』，KADOKAWAより抜粋）

†2　Ⓡはregistered trade markを表すアメリカの記号。TMはtrade markの略語。

（4）　**各部分の説明（ハードウェア構成）**　　例 2.27 に示した全体構成に続けて，電気系ハードウェア構成を説明します。例 2.29 の図 2 ではブロックダイアグラムとしました。読み手には実体図よりも，ブロックダイアグラムのほうが構成を把握しやすいでしょう。一方，実体図にも物理的な配置を示せるメリットもあります。どちらが主張したい点を，より読み手に伝えられるかを考えて選びましょう。ここでも説明は全体から細部へ，そしてデータの流れにしたがって進めます。

例 2.29

図 2 に自転車自動操縦システムブロックダイアグラムを示す。自動操縦コントローラにはワンチップマイコン（メーカー名，型番）を採用した。マイコン基板にはカメラインタフェース（I/F），超音波および赤外線センサ入力のための I^2C BUS コントローラ，モーションセンサ入力のための USB I/F，およびステアリングコントローラ，後輪ドライバ，前輪および後輪ブレーキドライバをコントロールするための CAN（Controller Area Network）I/F を備えた。

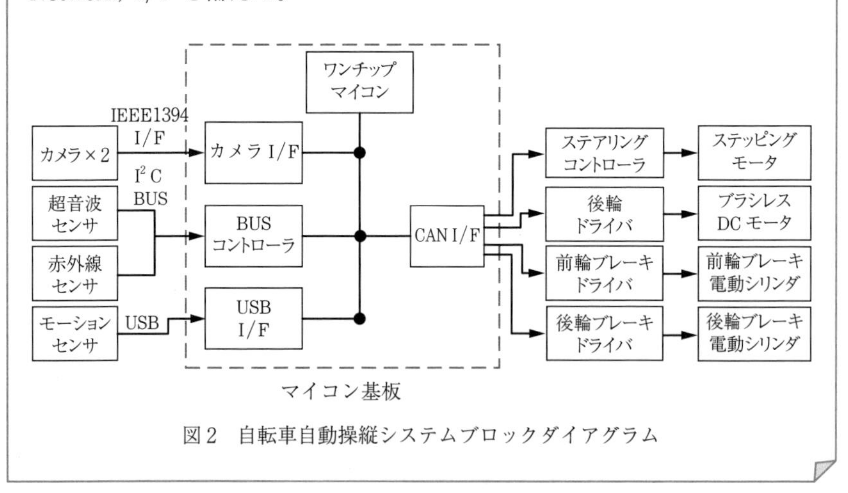

図 2　自転車自動操縦システムブロックダイアグラム

（5）　**各部分の説明（ソフトウェア構成）**　　例 2.29 に示したハードウェア構成に続いて，ソフトウェア構成を説明します。説明は，プログラムの中でのデータの流れ，動作の順序，ソフトウェア階層のいずれかに沿った順序とします。まずは，データの流れに沿って説明してみます。

例 2.30

【① データの流れに沿った例】

自転車自動操縦ソフトウェア構成を図3に示す。カメラ出力は道路抽出モジュールが，超音波センサ出力は歩行者検出モジュールが，赤外線センサ出力は水たまり検出モジュールがそれぞれ入力を担当する。自動操縦AIは，それぞれのモジュール出力を50 ms周期で読み込み，自転車の進行方向および速度を決定する。姿勢検出モジュールは，モーションセンサ出力を5 ms周期で読み込む。姿勢制御コントローラは，自動操縦AI出力と姿勢検出モジュール出力から，ファジィ制御を用いてステアリング角度，後輪回転数，ブレーキ操作量を計算する。ステアリング，後輪，ブレーキの各モジュールはこれらの計算値をアクチュエータ操作値へと変換し，ステアリングコントローラ，後輪ドライバ，前輪および後輪ブレーキドライバへと送信する。ソフトウェアは○○社 C++（バージョン番号）を用いて記述した。

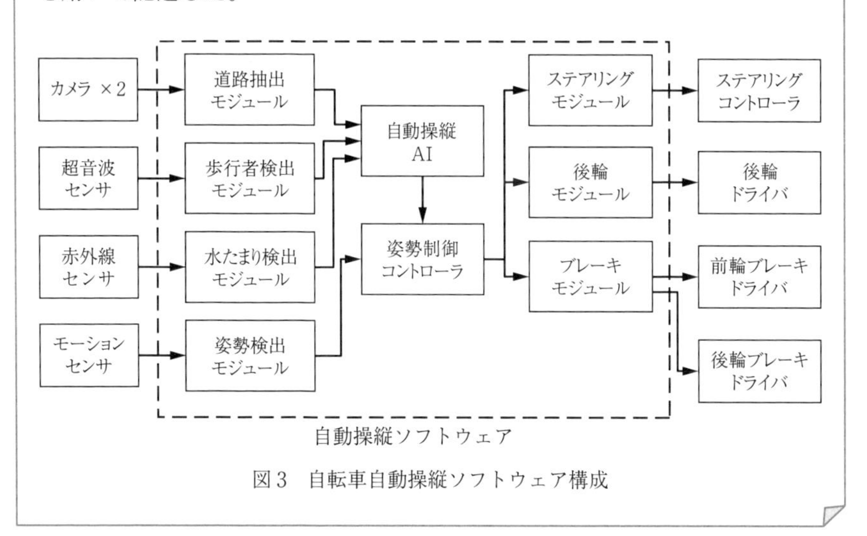

図3　自転車自動操縦ソフトウェア構成

あるいは，ソフトウェアに焦点を当てた論文とするときには，ソフトウェア階層にしたがって記述する方法もあります。

例 2.30

【②　ソフトウェア階層に沿った例】

自転車自動操縦ソフトウェア構成を図 3′に示す。ソフトウェアは，TOP 層，モジュール層，インタフェース層の 3 層構成とした。TOP 層には自動操縦 AI と姿勢制御コントローラを配置した。自動操縦 AI は，道路抽出モジュール，歩行者検出モジュール，水たまり検出モジュールの出力を 50 ms ごとに読み込み，あらかじめ設定された目的地までのルートおよび自転車の速度を決定する。姿勢コントローラは，自動操縦 AI 出力と，5 ms 周期で読み込んだ姿勢検出モジュール出力から，ファジィ制御を用いてステアリング角度，後輪回転数，ブレーキ操作量を計算し，ステアリングモジュール，後輪モジュール，ブレーキモジュールへと送信する。ステアリング，後輪，ブレーキの各モジュールはこれらの計算値をアクチュエータ操作値へと変換し，CAN I/F を介してステアリングコントローラ，後輪ドライバ，ブレーキコントローラへと送信する。ソフトウェアは○○社 C++（バージョン番号）を用いて作成した。

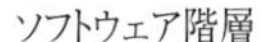

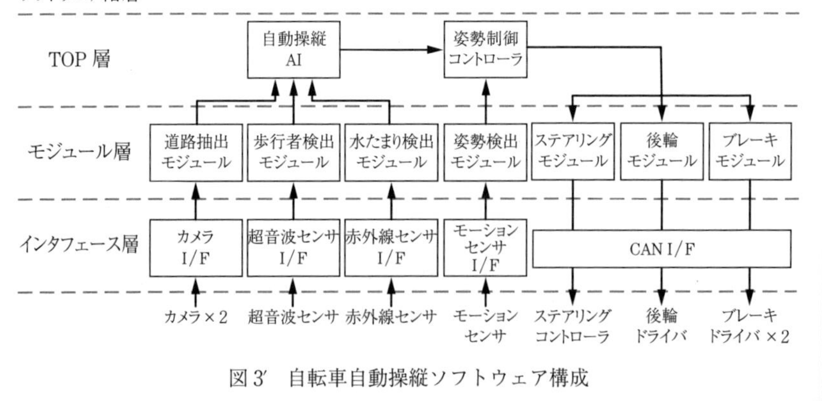

図 3′　自転車自動操縦ソフトウェア構成

論文ではなにを主題とするかによって，構成や説明内容を考えます。焦点を絞ったテーマを中心に据えて，全体構成から細部へと説明を進めます。

ここで，【② ソフトウェア階層に沿った例】では【① データの流れに沿った例】では述べていない「インタフェース層」を示しました。もしも「インタフェース層」に関しての工夫があって論文に述べるのなら，このように示します。あるいは，特に述べる必要がないのなら示さなくてよいでしょう。

〔4〕 説　明　図

（1） **説明図の作り方**　**図は，それだけをみてもわかるように構成します**。図中の項目には説明を加え，必要に応じて要素名称や寸法を記入します。略語はできるだけ使わないようにします。

図は，説明のための道具です。**図の内容は必ず本文中で説明します**。このとき，図の配置と説明順序に気を配ります。データの流れに沿って，あるいは動作の順序に沿って説明します。また，**本文中で説明されている要素が図から抜け落ちていないか**を注意してください。

ところで，例 2.30【②】の説明には下線を示しましたが，気づいたでしょうか。点線下線は本文中で表記が異なるもの，実線下線は図と表記が異なった要素名称です。このように，同じものであるにもかかわらず，異なった名称とした記述をしばしばみかけます。このような表記の混乱は，読み手の理解を妨げます。**表記を無意識に違えていないか，図と本文で異なる表記を用いていないかを注意してください**。

わかりやすい説明とするため，そして論文作成の時間と労力を節約するため，図の作成と平行して，その図を説明する文章を記します。文章を記して足りない箇所，説明しにくい箇所に気づいたら，説明しやすくなるよう図に追加あるいは修正を加えます。図だけ作っておいて後から文章を書こう，あるいは文章を先に書いて最後に図を作ろうとすると，どちらも修正を要することになり，二度手間です。

（2） **注意すべきこと**　図や写真はすべて自作します。ネットや書籍からコピーしたものは，一部であっても使用してはいけません。フリー素材は，自

作の図の一部に使用するだけならかまいませんが，図の大部分に使用するようなことは避けてください。

チームで研究しているとき，ほかのメンバーが作成した図は，作成者と指導教員の許可を得て使用します。このようなときには，作成者への謝辞を記しましょう。

（3） 図　　題　図には，内容を表す図題をつけます。**「開発システム」や「実験装置」などの一般名称を図題とするのは不適切です**。だれかの肖像やどこかの景色に「人」や「景色」と題を入れるようなものです。また，**複数の図に同じ図題をつけてはいけません**。それぞれが区別できる図題とします。測定結果であっても，複数のグラフを示すのであれば，それぞれのグラフの表す特性を「○○特性」のように図題とします。

図番号と図題は図の下に，表番号と表題は表の上に示します。本文と区別しやすくするため，題と本文との間に，0.5～1行程度の間隔を挿入します。

番号は，図1，図2，…，のように論文全体でとおす数え方と，章ごとに図1.1，図2.1，…，とする数え方があります。図が全部で10枚以下ならとおして，超えるようなら章ごとにするとよいでしょう。図と表の数え方は揃えます。

（4） **図 の 配 置**　図は，原則として，説明を記した段落とつぎの段落の間に配置します。ただし二段組みのとき，所定の段落の間に図を配置すると大きな空白ができるときには，当該段の最下部あるいは改段後の最上部とします。また，段幅では収まりきらない図は2段をまたぐ幅として，ページの最上部または最下部に配置します（**図 2.3**）。

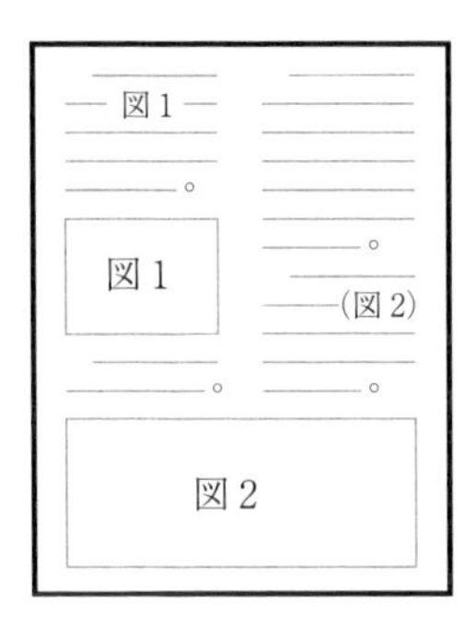

図 2.3　図 の 配 置

ときとして「図○に示す」と一つの文だけを段落として，その後に図を配置し，それに続く説明を図より後としたものをみかけます。これは不適切です。1.3.4項で述べたように，段落では「一つのテーマ」を説明します。この配置では，アイテムの説明という一つのテーマが複数の段落に分けられてしまいます。さらに，説明を読んでからそれを図で確認する順序でなければ，読み手は書き手の説明したい点がどこにあるのか，わからないでしょう。

ですから，例2.31に示すように，その図にかかわる説明を記してから，図を配置します。

例 2.31

図4に温度制御装置概略図を示す。温度制御装置は，内寸300×300×250 mmの5 mm厚アクリル製密閉容器，3個の温度センサ（メーカー名，型番），マイクロコンピュータ（メーカー名，型番），200 Wセラミック

ヒータ（メーカー名，型番）およびファン（メーカー名，型番）から構成される。ヒータおよびファンは，容器より引き出した直径 100 mm のダクト内に配置した。温度センサはケース内側の高さ 25, 125, 225 mm の 3 か所に取り付けた。コンピュータは，225 mm の位置のセンサ計測値を設定温度とするようにヒータ電力を制御する。

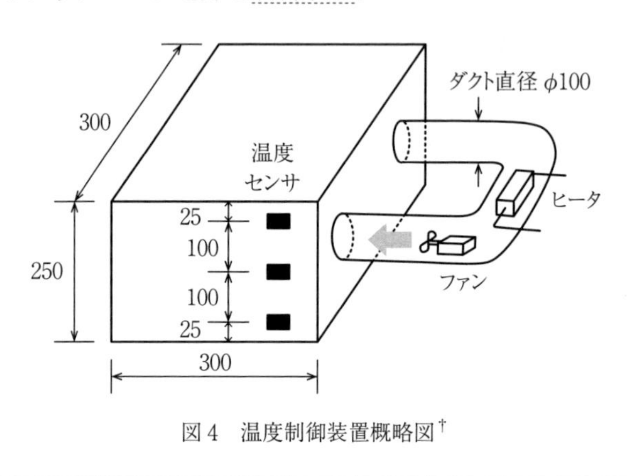

図 4　温度制御装置概略図†

〔5〕 **文 末 表 現**　例 2.31 を例に説明します。

まず，図や表を紹介する文では「図 4 に～を示す」「～を図 4 に示す」のように「示す」とします。書き手が示したのは過去のことですが，読み手にいま示しているかのように語ります。語り続けますので，段落を続けます。

例 2.31 のそれに続く文末は，「～構成される」「～配置した」「～取り付けた」「～制御する」となっています。これは，論文執筆時点で存在（動作）している要素については「～る」として，それ以前に選んだことや決定したことについては「～た」と過去のイメージを表したからです。ここで文末を過去のことだからと「～構成した」「～制御した」とすることもできます。一方，「～配置する」「～取り付ける」とすることも誤りではありません。

† 例 2.31 の図 4 では，寸法の単位 mm を示していません。このように図では，JIS Z 8317-1：2008「製図」のルールを用いて，寸法単位がすべて mm のときには省略することや，直径 ϕ，半径 R，板厚 t などの寸法補助記号を用いることができます。

このように，日本語の時制はあいまいです。英語なら，すべて過去形にすればこと足ります。英語式に，すべて「～た」としてもよいでしょう。

〔6〕 気をつけること

（1） 開発のためのデータ収集（いわゆる予備実験）は「アイテムの記述」に含める

アイテムを設計する段階では，必要となる設計パラメータをデータシートなどから得るのですが，「予備実験」を実施して集めることもあります。たとえばABS製パーツの強度を調べるため衝撃テストを実施する，プログラム全体の処理時間を予測するため仮想モジュールを作って通信時間を調べる，ケースに組み込む前にデバイスの温度上昇を調べる，などです。

これらの「予備実験」を，測定したのだからと「測定方法」や「測定結果」の章に入れることはしません。あくまでもアイテム開発のためのデータ収集作業です。ですから，その結果を論文に記す必要があるときも「アイテムの記述」の章で示します。

（2） 「予備実験」と記さない　たとえ実施したとしても，論文には「予備実験」とは記しません。どのような確認作業を実施したのかを記します。

例 2.32

【×な例】

予備実験として画像から接近してくる自転車を，○○アルゴリズムを用いて識別できるかをテストした。

【○な例】

自転車のハンドルに取り付けたカメラの画像を用いて，○○アルゴリズムの対向自転車識別能力を調べた。

あるいは，システムを試作して特性を測定したところ性能不足が判明し，改良して再度測定することもあるでしょう。このようなときには，改良したアイテムについての論文とします。開発途上の改良状況を述べることはしません。「測定方法」と「測定結果」の章には，アイテムの最終的な特性を示します。

（3） **初登場の略語は正式名称を示す**　長い語が繰り返し登場するときには，適宜に略語を用います。ただし論文に略語を初登場させるときには，正式名称を示します。

例 2.33

【○な例】

・モータの駆動には PWM（Pulse Width Modulation）制御を用いる。

・車両のボディには繊維強化プラスチック（Fiber Reinforced Plastics, FRP）を採用した。

記し方は，例 2.33【○な例】のように略語が先に登場しても，後から登場しても，どちらでもかまいません。なお，略語を示すときに，

例 2.33

【×な例】

車両のボディは繊維強化プラスチック（以後 FRP とする）を用いて製作した。

の下線部のような，ただし書きは不要です。

（4） **やたらと分割しない**　「アイテムの記述」として一つの「章」にまとめるべき部分を，やたらと分割した構成をみかけます。たとえばデバイスやプログラムごとに，

例 2.34

【×な例】

2. **システムの概要**

3. **センサの特性**

4. **マイコンインタフェース**

5. **入力プログラム**

⋮

と章にしたような例です。これでは，どこからどこまでが一まとまりになっているのかわかりません。論文は，一つのアイテムについての報告です。ですから「アイテムの記述」の章を構成し，そのアイテムの中で使用するデバイスやプログラムは，章の中での節や項として，階層的に配置します。

あるいは，必要以上に節・項に細分されたものもみかけます。

例 2.35

【×な例】

2.2.　道路抽出モジュール

2.2.1.　道路抽出モジュールの構成

図 1 にモジュールの構成を示す。

2.2.2.　カメラ

2 台の IEEE1394 カメラに単焦点レンズを取り付けて試験用自転車(メーカー，型番）のハンドルの両端に設置して道路を撮影した。

2.2.3.　白線の抽出

⋮

節や項や目には，説明される対象がなにか，対象の機能（果たす役割）はなにか，その対象の入力と出力（ほかの対象との関係）など，一つのテーマをまとめます。ただし，細分化しすぎると読みにくくなります。原則として節や項，目には，三つ以上の文があるようにします。

（5）**写真に余分なものを入れない**　「図○に測定装置を示す」と写真を入れるときには，「アイテムの記述」の末尾とします。この章の始めにいきなり写真を掲げても，読み手に情報を伝えることはできません。装置の外形写真よりはブロック図からのほうが，読み手は多くの情報を読み取るでしょう。

写されたものには説明（キャプション）を入れます。書き手は毎日使っているかもしれませんが，読み手は初めてみせられる装置です。説明しなければ，それがなにかわかりません。また，余分なものが写り込まないようにホワイトバックとします。読み手には，どこからどこまでが書き手の示したいもので，

どれとどれが余計なものなのか識別できません。

写真はこの章の末尾に入れるとしましたが，例外として「××災害における被害状況を図△に示す」のように研究対象の情報を提示するときは，説明に応じて配置します。このときにも，伝えたい事柄は本文中で説明してください。

2.2.6　測　定　方　法

〔1〕　**測 定 の 目 的**　　課題解決を目的としてアイテムを開発したのですから，目的をどれだけ達成できたかを示すことが必要です。開発に際しては，アイテムにはどれだけの性能が求められるかとの目標（数値）を設定しました。その目標達成度を示すための測定を計画します。

さて，ここで直接的にはアイテムの特性を測ることが測定の目標です。では，測定の目的はなんでしょうか。なんのためにアイテムの特性を測るのでしょうか。

測定の目的は，アイテムに用いたアイデアの有効性を予測することです。そのアイデアを用いれば，より優れた解決案を実現できる可能性を示すように測定項目を選びます。

たとえば，ゴキブリ捕虫ロボットの最終目的は，虫を捕まえることです。そのための目標としてロボットには，探索能力と捕獲能力が設定されるでしょう。それらは「探索装置から2m以内にいる体長10mm以上の虫を検出し，位置を±5mm以内の精度で特定する」探索システムや「1m/sのスピードで直線移動する虫に対して，1mの距離から50%を超える捕獲成功率をもつ」捕獲システムと定められるかもしれません。測定の目標は，これらの性能を達成できたかを数字として示すことです。

そして，測定の目的は，用いたアイデアの有効性を予測することです。ですから，単に2mの距離における検出能力や1mでの捕獲成功率を調べるだけ

【コラム8】

実験と測定

辞書には，以下のように説明されています。

- ・「実験」…②理論や仮説が正しいかどうかを人工的に一定の条件を設定してためし，確かめてみること。
- ・「測定」…はかり定めること。ある量の大きさを，装置・器械を用い，ある単位を基準として直接はかること。また，理論を媒介としてデータから間接的に決定すること。
- ・「計測」…種々の器械を使って，長さ・重さ・容積などをはかること。
- ・「観測」…①自然現象の推移・変化を観察・測定すること。
- ・「観察」…物事の真の姿を間違いなく理解しようとよく見る。
- ・「調査」…ある事項を明確にするためにしらべること。とりしらべ。
- ・「評価」…②善悪・美醜・優劣などの価値を判じ定めること。特に，高く価値を定めること。
- ・「試験」…①ある事物の性質・能力などをこころみためすこと。

（出典：『広辞苑』第七版，岩波書店より抜粋）

エンジニアリングにおいて「測定」と「計測」は，どちらもある単位を基準として測ることです。「温度測定」と「温度計測」のように，多くの場合，どちらを用いても意味は変わりません。ただし「年代測定」や「計測工学」のように，どちらかと共起関係をもつ言葉もあります。

でなく，距離をパラメータとしたときの検出能力変化や移動速度をパラメータとしたときの成功率変化など，システムの目標達成度を探るように測定項目と方法を設定します。

〔2〕 **章のタイトル**　この章では，アイテムを評価するために計画された測定方法について述べます。ですから「測定方法」あるいは「実験方法」のような一般的名称とするのではなく，**評価するパラメータを章のタイトルに含めます。**

たとえば，捕虫ロボットの探索システムであれば，「探索性能測定方法」のようにできるでしょう。

〔3〕 **測定の計画**　アイテムの目標達成度を測るためには，アイテムの基本性能と性能限界を表せるように測定を計画します。「アイテムの基本性能」とは目標の達成状況，「アイテムの性能限界」とは基本性能を発揮できる範囲です。

目標達成度を測るように計画するといいましたが，それぞれの測定は特別なものではありません。たいていは，当該分野で標準的に用いられる測定の組み合わせとなります。たとえば，制御装置ではインパルスやステップ入力に対する応答，定常偏差，安定性，外乱に対する挙動など，電池では充放電特性，エネルギー密度，内部抵抗などです。標準的に測られている項目は，そのアイテムの特徴を表すものです。

たとえば，捕虫ロボットの探索システムでは，

【アイテムの基本性能】
・目標物体とほかの物体との識別性能
・検出位置精度
・検出時間（移動物体に対する遅延時間）
【アイテムの性能限界】
・最大検出距離
・障害物（反射物）による検出距離の低下

・検出可能物体サイズ

などがあるでしょう。探索システムに赤外線レーダを採用したのであれば，測定方法はつぎのようになるかもしれません。

例 2.36

3．探索性能測定方法

3.1．静止物体に対する検出範囲および検出位置精度

直径 8 mm の黒色ポリスチレン棒（メーカー，型番）を長さ 10 mm に切断した虫モデルを用いて，赤外線フェイズドアレイレーダの測定可能範囲および検出位置精度を調べた。図 5 に測定精度検査位置を示す。レーダの中心を原点として，正面を y 軸，右側面を x 軸方向として，y 軸より 0°，±30°，±60°方向それぞれ 200, 400, 600, 800, 1000 mm の位置に虫モデルを置き，検出可否および検出位置を記録した。測定はコンクリート造り 3.6 m×2.7 m，高さ 2.3 m の室内，床面で実施した。

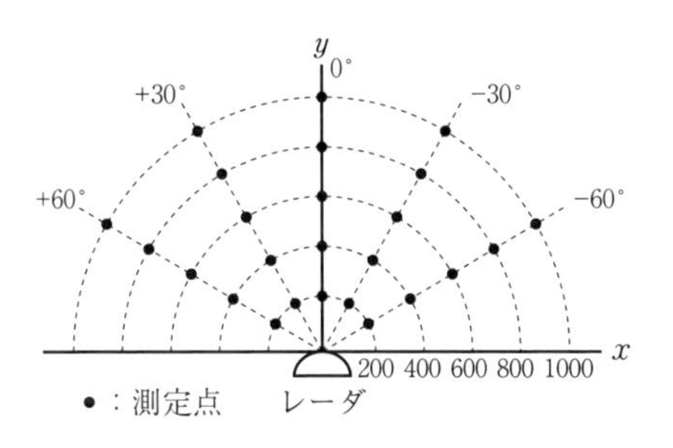

図 5　測定精度検査位置

3.2　障害物がある場合の検出範囲および検出位置精度

⋮　⋮

3.3　移動物体に対する検出位置精度および測定遅延

⋮　⋮

3.4　検出可能物体サイズ

⋮　⋮

〔4〕 **測定値を比較する**　処理のありとなし，加工の前と後，プログラム変更前と後，などのデータを比較したいときがあります。このときは，「測定方法」に測定データの差の評価方法を示します。たとえば，

> **例 2.37**　従来の陽極Aと開発した陽極Bを用いて試作した電池の放電容量を，××法を用いて測定する。それぞれ5個を測定し，結果を平均値±標準偏差で示す。両群の差はt検定を用いて評価する。

のように記します。対応する結果の示し方は2.2.7項〔6〕で説明します。

〔5〕 **文 末 表 現**　例2.36では，「～調べた」「～記録した」「～実施した」のように「～した」と，例2.37では，「～測定する」「～評価する」のように「～する」と記しました。測定したことは過去の出来事ですが，一般に実験手順書では「～する」と記されています。ですので，「～した」も「～する」も違和感なく読まれたことと思います。どちらを用いてもかまいません。書き上げた後，違和感なく読めることを確認してください。

〔6〕 **気をつけること**

（1） **わかったつもりになっている**　自分で測定をしていると，「ここに電圧計をつなぐ」といつもの手順の繰り返しです。ですので「接続する箇所」など，必要な情報をついつい書き漏らしてしまいます。初めてその測定をセットアップするときを頭の中でシミュレーションして，手順を確認します。

ときとして，測定結果は示されているのに，その測定をどのように実施したかの「方法」が抜け落ちた原稿をみます。「測定結果」を記した後で，

- **記述された手順に沿って測定すれば，示されたデータを得られるか**
- **データの統計処理方法を記しているか**

を確認します。

（2） **設定パラメータを明示する**　測定方法には，測定手順，使用器具，設定条件，および測定データの処理法を記します。このうちの設定条件（パラメータ）の記載が不十分なものをみかけます。以下のような例です。

例 2.38

【×な例】

入力電圧を変えて出力電圧を測定する。

【○な例】

○○回路の入力電圧を，−2Vから+2Vまで0.1Vステップで変化させたときの出力電圧を測定する。

グラフに示されたマーカー（プロット）を得たときの設定が記されていることを確認します。

（3） 曖昧となりやすい語

● **性　　能**：「性能」という語は，気をつけて用いなければあいまいになります。たとえば「エンジンの性能を向上させる」と記されているだけでは，燃費を向上させたいのか，最高出力を増加させたいのか，トルク特性をフラットにさせたいのか，応答特性をよくしたいのか，振動を減らしたいのか，など，どのパラメータに着目しているのかわかりません。

「○○の特性」というように，対象とするパラメータを明確にします。

● 分　　析：「分析」は，物事を細かな要素に分けて調べるとの意味です。「～を測定して分析する」などの表現をみますが，値を求めることは測定であって分析ではありません。その値となった理由を明らかにするために関係する要素を調べるなら「分析」となります。ですから，「分析」する対象を明示して「温度と成分の関係を分析する」のように用います。

（4） **誤用されやすい語**

● 評　　価：「評価」とは，「成績評価」のようにある基準（テストの点，レポートや作品の出来ばえ，プレゼンテーションのわかりやすさ，など）を用いて価値や優劣を定めたものです。たとえば，金属材料を耐腐食性という基準を用いて評価したり，CPU を FLOPS（Floating-point Operations Per Second，1秒間に何回の浮動小数点演算を実行するか）という基準を用いて評価したりします。なんらかの特性を測定しただけでは「評価」とはなりません。

たとえば，

例 2.39

【×な例】

二輪車コーナリング時のバンク角†を評価した。

と記されていても，「バンク角」は数値です。数値を評価することはできません。これは評価したのではなく，測定したの誤りでしょう。

あるいは，

例 2.40　試料の強度を評価する。

とあれば，試料の特定用途への適合性を検討したような印象を受けます。そのようにしたのであれば，これは適切な表記です。けれども，単にモース硬度を測定しただけでは，「評価した」ことにはなりません。

† カーブで二輪車を曲がる方向に倒した角度。

● **調　　査**：「調査」の誤用もみかけます。「地震による被害の調査」「破損原因の調査」のように，わからないことを「調べる」ことを調査と呼びますが，特性を測ることを「調査」とは呼びません。ですから，

> **例 2.41**
> 【×な例】
> 信号の周波数を変更してフィルタ出力電圧を調査した。

との表現は，調査ではなくて，正しくは測定です。同じ電圧測定でも，未知の限界を調べるのであれば，

> **例 2.41**
> 【○な例】
> 絶縁材料の絶縁破壊電圧を調査した。

は適切です。なぜなら，壊れない限界を調べているからです。

● **効　　率**：一般的には「仕事の効率」のように，時間や労力を減らすとの意味で使われる言葉ですが，エンジニアリングでは**エネルギーがどれだけ有効に伝えられたかを表す特性値**です。たとえば風力発電では，

$$\text{風力発電の発電効率} = \frac{\text{出力エネルギー(電気エネルギー)}}{\text{入力エネルギー(風力エネルギー)}} \tag{2.1}$$

となります。あるいはバッテリーでは，

$$\text{バッテリーの充放電効率} = \frac{\text{放電電力量}}{\text{充電電力量}} \tag{2.2}$$

です。

このように，エネルギーとして測ることのできる入力と出力の比率でないものを「効率」とはいいません。たとえば，

例 2.42

【×な例】

計算効率を向上させるために，プログラムを見直した。

との記述は，論文では誤りです。正しくは，

例 2.42

【○な例】

計算時間を短縮させるために，プログラムを見直した。

のように，記します。

2.2.7 測　定　結　果

〔1〕**「測定結果」と「考察」**　「測定結果」と「考察」を分けることも，合体して一つの章とすることもありますが，これはどちらでも書きやすいほうを用いましょう。注意すべき点を述べるため，ここでは分けて説明します。

「測定結果」で記すことは，

- **測定やシミュレーションから得られた数値**
- **数値を解釈するための統計処理結果**

です。これに対して「考察」では，

- **得られたデータから明らかになったこと**
- **研究目的を達したか，目標とした特性を得られたか**

を論じます。

測定結果は「数値」で表します。「高い認識成功率を得た」「良好な応答を確認した」などの定性的表現は不要です。「認識率は 98.7 %であった」「遅延時間は 0.1 ms 以下であった」と数値で示します。そこに測定値があれば，飾り言葉は不要です。データに語らせます。

〔2〕 **節・項の順序とタイトル**　測定結果の章では，測定方法の章と，節・項の順序とタイトルを同じにします。たとえば例 2.36 の捕虫ロボットの探索システムに続く 4 章であれば，以下のようになるでしょう。

例 2.43

4. 探索性能測定結果

4.1 静止物体に対する検出範囲および検出位置精度

⋮ ⋮

4.2 障害物がある場合の検出範囲および検出位置精度

⋮ ⋮

4.3 移動物体に対する検出位置精度および測定遅延

⋮ ⋮

4.4 検出可能物体サイズ

⋮ ⋮

〔3〕 **グラフを用いる**　グラフは，測定やシミュレーションで得られた数値を読み手に伝えるための効果的な方法です。数値を一つ一つ記すよりも，データをわかりやすく伝えることができます。たとえば，

例 2.44 ○○ダイオードのアノード-カソード間の印加電圧を 0.5 V から 50 mV 刻みで 0.7 V まで上昇させたとき，ダイオード電流は，2.02 μA，13.8 μA，94.7 μA，248 μA，4.43 mA となった。

この文を読んで，電流がどのように変化したかを想像できる人はいないでしょう。

ところが，例 2.44 のデータをグラフにすれば，片対数グラフで直線，すなわちアノード-カソード間電圧に対して指数的にダイオード電流が増えていること，さらには，0.65 V のデータがずれていること，がわかります。

例 2.45

図6に○○ダイオードのアノード-カソード間電圧を0.5Vから50mV刻みで0.7Vまで上昇させたときのダイオード電流を示す。

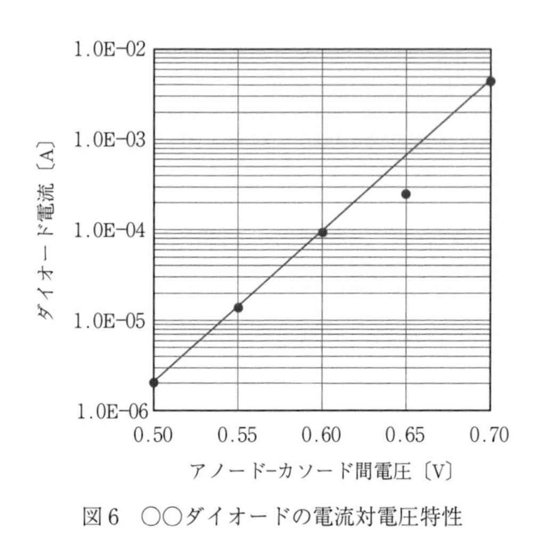

図6　○○ダイオードの電流対電圧特性

このように，グラフにすれば特徴的変化量を簡単に把握できるうえに，データが適切かを確認できます。ですから，データは原則としてグラフに表します。グラフの作り方は2.5節で説明します。

〔4〕 **想定外の測定値について**　例2.45の図6に示された0.65Vのように，「おかしい」と思われた値についてです。

「測定をやり直したらほかの値となった」あるいは「グラフ作成時に入力をまちがえた」など，「まちがい」が判明したのなら修正します。

しかし，「おかしいと思われた」あるいは「理論曲線からはずれている」との理由で測定点を取り除くのは，「**データ偽装**」です。測定をやり直したうえで修正します。締め切りが迫っているなど再測定できないときには，値はそのままとして，「考察」の章で「言い訳」をしてください。

〔5〕 **結果を解説する**　何度も実験し，書き手には見慣れたグラフでも，読み手にとっては初めてみるものです。ですから，書き手がグラフから読み取った「要点」を解説します。グラフを作成までして訴えたい点がどこかを，読み手に説明します。

たとえば，バッテリー充電器を試作して動作を観測したとします。ところが，図を示されただけでは読み手には，どこを書き手が要点と考えているかわかりません。ですから，説明を記します。説明を読んで，初めて読み手は状況を理解します。

例2.46

図7に充電時の電圧および電流を示す。充電器は，スタートより充電電流をプログラムどおりに増やした。電流は30秒後に1.8Aとなったが，このとき，電圧上昇率が上限を超えたため，充電電流を減少させた。ところが，電圧上昇率が設定値の80％以下となったときにも充電電流を減らし続け，200秒の時点で0.25Aとなった。その後，充電電流を増やしたが，設定値の80％に復帰するまでに7分を要した。設計どおりの動作ではなく，充電器のプログラムにバグがあると思われる。以後の電圧上昇率

は設定範囲内である－16～＋4％の間に保たれた。充電開始より42分後に電圧が13.8Vを超えたため，0.10 A/minの割合で充電電流を減少させ，49分に充電電流が0.2Aとなってからはその値を保った。52分にバッテリー電圧が14.2Vに達したため充電を終了した。

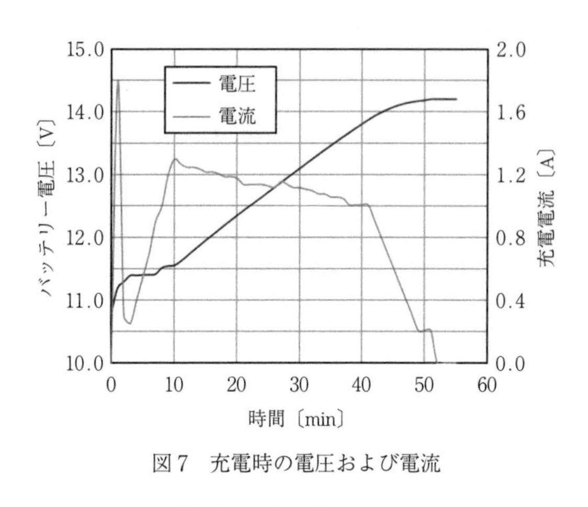

図7　充電時の電圧および電流

〔6〕 **結果を比較する**　2種の陽極AとBを用いて試作した電池から，例2.47【×な例】の表2に示す結果を得たとします。このとき，例のように測定値すべてを論文に示す必要はあるでしょうか。

例 2.47

【×な例】

表2　試作電池の放電容量

	放電容量〔W·h〕					
陽極／サンプル	1	2	3	4	5	平均
A	11.5	12.5	9.9	10.5	12.2	11.32
B	10.8	10.3	13.5	12.7	15.1	12.48

授業の実験レポートでは，測定したデータをすべて表に示したことと思います。これに対して論文では，一度しか測定できなかった意味のある数値，たと

えば「開発した免震装置が地震に遭遇したときの応答」のようなフィールドで得た実地例，を除いては記しません。ですから例 2.47【○な例】のように，

例 2.47

【○な例】

それぞれ 5 個の電池の放電容量を測定した結果を，平均値±標準偏差として示す。陽極 A を用いたものは 11.32±1.11 W·h，陽極 B では 12.48±1.97 W·h であった。

と統計的に記します。

それぞれの測定値はばらつきます。測定を繰り返せば，値は毎回異なります。したがって，値そのものを示す意味はありません。しかし，値は異なったとしても，測定を繰り返せば傾向はみえてきます。真の値がどのあたりにあるのかも，ばらつきはどの程度かも，わかってきます。ですから，**平均値と標準偏差を示します**。測定結果をすべて示さなくても，平均値と標準偏差がわかれば傾向をつかむことができます。

〔7〕 **差を判定する**　　それでは，問題です。

問. 例 2.47 の結果では，陽極 A に比べ陽極 B を用いたときの放電容量が 10.2 %大きくなっています。この結果から「改良した陽極 B によって放電容量は増加した」と記してよいでしょうか。

答. だめです。

確かに，陽極 B の平均値は大きくなっています。ですが，測定値がばらつくのですから，平均値にも $1/n$（n はサンプル数）のばらつきは残されます。したがって，この平均値は，たまたま +10.2 %になったと考えられます。ですから，平均値だけは，「増加した」ということはできません。

「増加した」といえるかどうかは，統計検定を用いて調べます。差があると述べたいときには，差はないとする仮説（**帰無仮説**）が否定（**棄却**）されることを確認します。

例 2.47 の表 2 のデータから，t 統計量を求めると $p=0.29$ となります。p 値は「陽極 A と陽極 B を用いた放電容量に差はない」とする**帰無仮説が成立するときに，この程度の差（+10.2 %）が生じる確率です**。$p=0.29$ ですから，10 回実験すれば 3 回くらいは，この程度の差が生じます。

「じゃあ，10 回のうち 7 回は生じないのだから，『放電容量に差がある』といえるだろう」と思われるかもしれません。しかし，科学技術の業界では $p \geqq 0.050$ (5 %)[†1] では「差がないというのは危険だ」と考えます。ですから，

例 2.48　各 5 個の電池の放電容量を，平均値±標準偏差として示す。改良した陽極 B を用いたものは 12.48±1.97 W·h であり，陽極 A を用いたものの 11.32±1.11 W·h に比較して 10.2 %大きな値を示した。しかし，t 検定を実施したところ $p=0.29$ であり，有意差は認められなかった。

のように，p 値とともに「有意差は認められない」と記します[†2]。詳しくは

† 1　0.010 (1 %) とすることもあります。

† 2　p 値を示せばわかるので，「有意差は認められない」と記さなくてもよいです。

2.4節で説明します。

【コラム9】

有効数字の桁数

高校の物理や化学では，「長さや体積などの物理量を測定するときは，測定器具の最小目盛りの1/10までを目分量で読みとる」と習ったことと思います。たとえばmmの単位まで読み取れるものさしを使って，あるサンプルの長さを測るときには「12.3 mm」のように1/10 mmまで読み取ります。読み取った「12.3」は，測定で得られた数字ですから**有効数字**といいます。このとき有効数字は3桁です。

ここで目分量で読み取る「.3」の値は，測定者によって変わります。ですから，有効数字の最下位の桁には誤差を含むことになります。

さて，同じものさしを使って別のサンプルを測ったとき「9.8 mm」と読み取ったとします。このとき，有効数字は2桁となります。

有効数字の桁数がわかるように測定値を表示するとされますが，

1.23×10^1

9.8×10^0

としたのでは読みにくくて不都合です。ですから測定結果では，「測れる桁」までを揃えて表示します。この例であれば，

12.3

 9.8

のように，小数点の位置を揃えて表示します。

【コラム10】

メータの確度

日本産業規格JIS Z 8103：2019『計測用語』（734）には，「最大許容誤差」が「既知の参照値に関して，ある与えられた測定，測定器又は測定システムの仕様又は規則によって許されている測定誤差の極限値」と定められています。また，同項の注記3には「電気分野では，“指定された条件における最大許容誤差で表した測定器の精度”の意味で，“確度”が用いられている」とあります。つまり「確度」とは，指示値に最大どれだけの誤差が含まれるかを表します。

アナログメータには1級，0.5級などの確度が示されています。この確度は，

フルスケール（指示最大値）に対して決められます。たとえば1級のメータであれば，フルスケールに対して1.0％の誤差です。したがって，フルスケール100 mAの1級メータの確度は，100 mA×0.01＝±1 mAです。このメータで読み取った値が50 mAであれば50±1 mA，10 mAであれば10±1 mAの範囲内に真の値があります。

ディジタルメータの確度は，「±0.5％ of reading（rdg）＋2 digit」のように「誤差＋オフセット」として示されます。この場合，読み取り値の±0.5％にメータの最小桁における±2が加算された値です。このメータの最小桁が1 mAであるなら，100 mAと読み取ったときには，真の値は100 mA×0.005＋2 mAで100±2.5 mAの範囲に，50 mAと読み取れば50±2.25 mA，10 mAと読み取れば10±2.05 mAの範囲となります。

〔8〕 文 末 表 現　過去に測定して得た値ですので，原則として文末は「～した」「～であった」と記します。ただし，結果の表し方や図表を説明する文は「～示す」とします。説明を記したのは過去のことですが，その内容は，いまも通用するからです。

〔9〕 気をつけること

（1）「成功した」と記さない　ときとして「成功した」との記述をみます。しかし，これは読み手になんの情報も伝えない表現です。なぜなら，このような記述をする人はなにがどうなったら「成功」なのか，すなわち成功の定義を述べていないからです。さらにいえば，定義を述べたときには「成功」と記す必要はなくなっています。

ニュースで「ロケットの打ち上げに『成功』した」とあれば，これをみた人は「人工衛星を予定軌道に送り込み，その衛星が予定通りに動作した」のだとわかります。このように目標の数値や状態が既知であるなら，成功か不成功かはわかります。ところが，論文に，

例 2.49

【×な例】

AIピッチングマシンの開発に成功した。

と記されていても読む人には，どのように「成功」と判定したのかわかりません。「成功」と述べるためには，その定義が必要です。たとえば，

例 2.50　研究では，ピッチャーマウンドから，ホームベース上に設定された目標点を ±10 mm の範囲内で，設定された球速の ±1 km/h 以内で通過させるピッチングマシンを目標とする。

のように定義されていれば，その判定が可能となります。ところがその判定は，

例 2.49

【○な例】

光電スイッチをホームベース中心に垂直・水平方向それぞれに 2 mm 間隔で設置してボールの通過位置を，ホームベース前後方向に 100 mm 間隔で設置してボールの通過速度を測定した。投球数 100 球のうち目標範囲内を通過したものは 97 球，目標球速内であったものは 95 球であった。

のように，なんらかの「数値」で示されるでしょう。ですから「成功」との記述が入る余地はないのです。

そこに数値があれば，「よい結果であった」のような飾り言葉は不要です。工学系卒論では，データに語らせます。

（2）「できた」と記さない　「成功した」の類型ですが，「できた」と記すのも稚拙です。

例 2.51

【×な例】

障害物を検出するための超音波センサができた。しかし，すべての障害物を検出できたとはいえなかった。

理由は「成功した」と同じく，どうなったら「できた」と判定できるかがわからないからです。そのうえ，第二文では「とはいえなかった」との部分否定が加わっています。これでは，なにができて，なにができなかったのか，まっ

たくわかりません。

例 2.51【×な例】は，たとえば以下のようにできるかもしれません。

例 2.51

【○な例】

直径 40 mm および 50 mm の球体を用いて超音波センサの検出能力を確認した。正面軸上および正面軸から垂直および水平 30° 方向，それぞれ 100 mm の距離に球体を配置したところ，直径 50 mm の球体ではすべて検出されたが，直径 40 mm の球体では垂直 30° 方向で検出できなかった。

（3）**述語を羅列しない**　結果の説明では，述語が羅列された冗長表現をしばしばみます。たとえば，

・判定成功率が向上することが示されている。

・応答が早められたと考える。

・～を用いたほうがより正確にパターンを識別することが出来ることが分かった。

・障害物を検出することができた。

などです（上の 3 番目の例では「出来る」「分かる」とひらがなにすべき漢字もあります）。これらを簡潔に記せば，

・判定成功率を高めた。

・応答時間を短縮した。

・～を用いたほうがより正確にパターンを識別した。

・障害物を検出した。

のようにできます。ただし，これでは定量的表現となってはいません。ですから，数値で語らせます。

・判定成功率を○○ %から□□ %に向上した。

・応答時間を△△ ms から▽▽ ms に短縮した。

・～を用いたときのパターン識別率は○○ %に向上した。

・○○ mm² 以上の障害物を 100 %検出した。

また，グラフに示される結果に対して，書き手がわかったからと，末尾に「～ことがわかる」と連ねた文をみます。これも不要な述語の羅列です。

2.2.8 考　　察

〔1〕「考　察」と　は　研究の目的と定めた目標を「はじめに」に記し，目標の達成を目指した解決案を「アイテムの記述」で説明し，目標の達成度を示すために測定やシミュレーションを計画して「測定方法」で述べ，得られたデータを「測定結果」で示しました。それに続くこの章では，**測定やシミュレーションで得た数値に基づいて議論します。**

ここで，「議論」と記せば，だれかと話し合うような印象を受けるかもしれません。確かに辞書には，

> 「議論」… **互いに自分の説を述べあい，論じあうこと。意見を戦わせること。また，その内容。**
>
> （出典：『広辞苑』第七版，岩波書店より抜粋）

とあります。しかし，論文の向こうにいる読み手を想定して，彼らを納得させ

る技術的・理論的説明を，論理的に展開することは，まさに「論じあうこと」でしょう。

ちなみに，英語の論文ではこの章を “Discussion” と題します。英語辞書†によれば，“discussion” には「議論」「討論」のほかに「スピーチや執筆における主題のきちんとした論じ方」との意味もあります。聴衆は眼前にはいませんが，読み手として論文の前にいます。その人たちと “discussion” を交わすつもりで記しましょう。

ちなみに「考察」は辞書によると，

「考察」… 物事を明らかにするためによく調べて考えること。 （出典：『広辞苑』第七版，岩波書店より抜粋）

です。「明らかにする」ことがこの章の目的です。

〔2〕 製作や測定の結果を議論する　　調査分析あるいは開発の経験から，書き手が明らかにしたことを記します。調査や開発をしなければ書き手にもわ

† https://www.merriam-webster.com/（2019 年 9 月現在）

からなかったことは，読み手にも未知の事柄です。結果に基づいて議論を展開します。

（1） **アイテムの開発を目的とした研究**　逆説的ですが，「測定結果」に示した数値で目標を100％達成したのなら「考察」の章は不要です。ところが，そうはなっていないでしょう。ですから，なぜ満足できなかったのかの「言い訳」を記します。

言い訳の種類

- **理論／アイテムの適応限界**
- **設計における弱点，仕様設定の不備，見積もりの甘さ，方針の誤り**
- **アイテムの技術的弱点（構造，アルゴリズム，など），不足（出力不足，能力不足，など）**
- **理論，設計，製作上の見落とし**
- **測定を実施できなかった（データ数の不足）理由**

言い訳といっても，技術的・科学的に筋のとおった説明が必要です。なぜ弱点や不足が生じたのかを論理的に述べます。「こうすればできたはずだ」との根拠のない思いつきは不要です。

たとえば，作業ロボットの安全向上を目的として超音波センサを開発したけれども，検出能力は目標に及ばなかったとします（例2.51【○な例】）。それに続く考察は，以下のようにできるかもしれません。

例2.52

5. 考察

センサの使用環境では，人の指の検出が要求される。それぞれの指の太さは15～20 mm程度であるが，開発したセンサは直径20 mmの球体を検出できなかった。そのため，検出可能なサイズの球体を用いて性能を評価した。小径の球体を検出できなかった理由は，反射波のレベルが低く，ノイズとの識別ができなかったためであった。

また，センサの取り付けを想定しているアームは，停止までに最大で

50 mm 移動する。このため，センサには 100 mm の距離で指を検出できる能力を求めた。開発したセンサはこの距離において，直径 50 mm を超える物体を確実に検出した。掌に対しては十分な検出能力であるが，指を検出可能とするための性能向上が必要である。

ここでは，最初の段落で目的を達成するための条件（指の太さ）と，それだけの性能を確かめる測定をできなかった言い訳を述べています。また，つぎの段落では，目的達成条件を実際的理由（停止までに 50 mm）に基づいて示し，アイテムの実状を述べています。

（2） 調査や分析を目的とした研究　地質や風況の調査，金属やプラスチック材料の成分や物理的特性の測定分析，などを主たる目的とした研究では，測定やシミュレーションで得たデータから，

測定（シミュレーション）結果をもとに議論すること

- **目的に関連する事項**
  - **明らかにできた／できなかったこと**
  - **確認できた／できなかったこと**
  - **ほかの研究報告やアイテムとの比較・検討**
- **データに関しての原因や理由（理論に基づく，あるいは論理的説明）**

を議論します。なんらかの疑問を解き明かすために調査や分析を実施したのですから，その疑問を振り返り，集めたデータがその疑問に対してどのように答えているかを探ります。

たとえば，風力発電機の設置場所を検討するために，6 棟ある校舎の屋上で，20○○年△△月□□日から××日間，30 分おきに風速を測定し，例 2.53 の表 3 に示す測定結果を得たとします。

例 2.53

4. 風速測定結果

⋮

表3 校舎屋上の平均風速（20○○年△△月□□日から××日間）

観測地点	A棟	B棟	C棟	D棟	E棟	F棟
平均風速〔m/s〕	2.3±1.52	2.9±2.32	2.2±1.31	3.3±2.57	2.3±1.67	2.3±1.50

⋮

5. 考察

観測した6地点の中で平均風速が最大となったのはD棟屋上であった。B棟とD棟はほかの棟より高い10階建てであったことに加え，測定期間内は西風が多かったため，東にA棟，西にC棟が建つB棟に比べ，東西に建物のないD棟の風速が大きくなったと考えられる。

例2.53では，測定データを要約して，なにについて考察するのかを明示し，状況から推定される理由を論理的に述べています。この点はよいのですが，「測定期間内は西風が多かった」と結果で示されていないデータを述べています。**議論するときになってから，新たな情報やデータを後出しするのはルール違反です。**

「考察」で検討するデータは，すべて「測定結果」の章までに示します。校舎の高さ情報も，もしかすると「測定方法」の章には記されていなかったかもしれません。書き手にとって当たり前のことは，記述から抜けがちです。しかし，読み手にとっては初めての情報かもしれません。

考察を記した後，振り返って情報やデータの提示箇所を確認します。

また，研究の遂行上，結果を受けて追加の測定をすることもあります。そのようなときにも，「順序型」として記す必要はありません。ですから，例 2.53 に続けて，

例 2.54

【×な例】

そこで，南風の日に風速測定を実施した。結果は，南北に建物のない B 棟の風速が，北に C 棟，南に E 棟の建つ D 棟よりも高い値を示した。

のように，新たな「測定」とその「結果」を考察で述べることはしません。一つの論文は，目的にかかわる一連の研究について述べるものです。追加した測定があったとしても，整理して「測定方法」と「測定結果」で記します。

（3） **結果からの展望**　　測定結果で得たデータに関する議論の後には，そこから導き出される展望を議論します。

結果から導き出される展望例

- **ほかの研究／アイテムと比較して優れている点／不十分な点**
- **ほかの研究／アイテムへの適応・応用可能性**
- **想定していなかった効用など**
- **アイテムの設計・製作に役立つノウハウ**

〔3〕 気をつけること

（1） **論文のタイトルに関連しないことを議論しない**　　ときとして，論文の「タイトル」に関連しない議論をみかけます。あくまでもタイトルに沿った内容を展開してください。

（2） **製作や測定していないことは議論しない**　考察では，測定やシミュレーションで得た結果に対して議論します。結果に示されていない特性や性質に関する議論はしません。たとえば，例 2.55 の図 8 に示すように，12 分のデータしかないところに点線をのばして，

例 2.55

【×な例】

図 8 に示すように，電池電圧が 10 V まで低下する時間は 30 分と推測される。

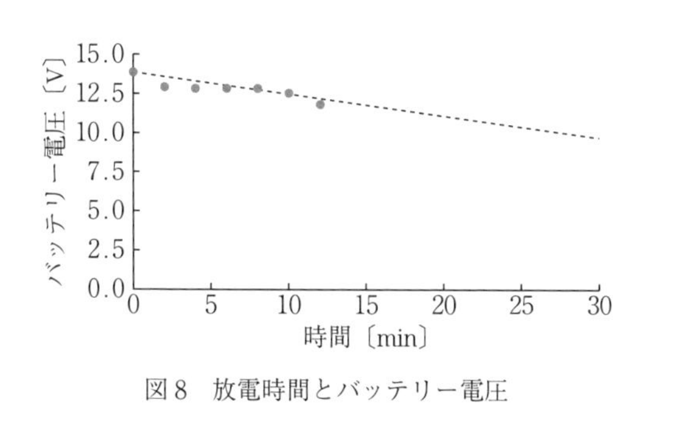

図 8　放電時間とバッテリー電圧

のように述べることは，書き手は推測（すいそく）[†1] したつもりかもしれませんが，憶測（おくそく）（臆測）[†2] にすぎません。というのは，直線的に推移する理論的根拠がないからです。あくまでもデータに基づいて議論します。

ときにみる例ですが，

例 2.56

【×な例】

今後は，□□の加工をしたサンプルを作成して○○値を計測する必要がある。

† 1　〔今までに知っている知識（資料）を基にして〕物事の全体・将来などについて，多分こうであろうと考えること。（出典：『新明解国語辞典』第七版，三省堂より抜粋）

† 2　想像に基づく，いいかげんな推測。（出典：『新明解国語辞典』第七版，三省堂より抜粋）

のように記すのも，製作や測定をしていない事柄への言及です。卒論は卒業研究の報告なのですから，必要であると考えたのに測定ができなかった（不足していた）なら，そうなった理由を言い訳します。

（3） **結果の数値を繰り返さない**　考察を記すときには，データを繰り返し述べません。代表的数値や分析，特性や応答だけに言及して，どのデータに対しての議論なのかをわかるようにして検討や分析を加えます。

（4） **主観的・感情的表現を用いない**　考察に限らず論文では，定量的，客観的表現を心がけます。

● **大小は主観的表現**：「大きく」「高く」などは主観的表現です。

例 2.57

【×な例】

・演算時間を大きく短縮した。

・精度を高くした。

と記されていても，書き手が何秒（あるいは何 ms，何分，など）からを「大きく」（それに時間短縮なら「大きく」ではなく「大幅に」でしょう），あるいは何μm（あるいは何 ns，何%，など）からを「高く」と感じているのか読み手にはわかりません。定常状態（平均）がどのくらいかという認識によって，大きく／小さく，高く／低く，などの感覚は，人それぞれ大きく異なります。

例 2.57

【○な例】

・○○法を用いたときよりも 20 %演算時間を短縮させた。

・プログラム導入前より位置精度を 5 %向上させた。

のように，定量的表現を心がけましょう。

● **「よい／悪い」も主観的表現**：「よくなった／悪くなった」「優れた／劣った」との主観的表現もなにも伝えません。

例 2.58

【×な例】

□□方式より応答がよくなった。

と記されていても，なにがどうなれば「よい／悪い」かはわかりません。定量的表現としましょう。

例 2.58

【○な例】

□□方式より目標値からの偏差を ±2 mm 減少させた。

● **感情的表現を使わない**：無意識に感情的表現を用いていることがあります。

例 2.59

【×な例】

・10 %もエネルギー変換効率を向上させた。

・20 %しか演算時間は短縮しなかった。

・偏差が 50°を超えてしまった。

などの記載です。

「も」は予期していた程度を上回ったとの，「しか」は否定表現と組み合わせて「少ない」との，「しなかった」は「できなかった」との，「超えてしまった」は「やってしまった」のように失敗したとの，書き手の意識を表します。たとえ失敗と感じたとしても，論文に感情的表現は不要です。

● **「思う」「感じる」と記さない**：「～と思う」や「～と感じる」との表記は，数量的データを伴わない書き手の推測を表します。

例 2.60

【×な例】

・試作した回路は安定に動作すると思う。

・開発したロボットをかっこいいと感じる。

論文はブログでも小説でも感想文でもありません。憶測や想像を記すのではなく，データに基づいた論理的な推論に基づいて議論します。

● **「非常に」を使わない**：「非常に」も主観的表現です。たとえば，

例 2.61

【×な例】

○○法は非常に有用な手段である。

は，意味をなさない表現です。辞書には，

「非常」… ①さしせまった事態。②程度がはなはだしいようす。

（出典：『学研 現代新国語辞典』改訂第六版，学研（Gakken）より抜粋）

と記されています。「さしせまった事態」ではないでしょうから「はなはだしい」と書き手が思っているのでしょう。しかし，これは主観的表現です。

同じような例として「わりと」「とても」と書かれているものもみます。「わりと有用」あるいは「とても有用」となっていても，読み手にはわかりません。

強調したいのであれば，比較対象を示して，

例 2.61

【○な例】

○○法を用いた誤り訂正アルゴリズムは△△法を用いた場合と比べて，外乱から受ける影響を 10 %低減させた。

のように，数量的に程度を記しましょう。

2.2.9 「おわりに」／「まとめ」

〔1〕 **入れても入れなくてもよい**　「おわりに」あるいは「まとめ」と題する最終章は，用いても用いなくてもどちらでもかまいません。二段組み 4 ページ以上くらいの長い論文では，論文末で振り返ってまとめ，論点を整理するのもよいでしょう。一方，3 ページ以下くらいの短い論文では，必要な事柄を「考察」の章で論じ終えたほうがまとまるでしょう。

入れるか入れないかは研究分野によって慣習が異なりますので，指導教員と相談して決めてください。

この章を入れるときには，最初の章名と以下のように対応させます。

・はじめに　—　おわりに／まとめ

・緒言　—　結言

・まえがき　—　あとがき／まとめ

・背景　—　今後の展望

〔2〕 **「おわりに／結言／あとがき／今後の展望」を入れるとき**　**測定あるいはシミュレーションの結果から明らかにしたこと，研究より導かれた今後の展望を述べます。**研究目的を達成するために必要であるが，論文の中では検討できなかった項目を記すこともあります。

たとえば超音波センサの開発例では，以下のように記すことができるかもし

れません。

> **例 2.62**
>
> **6. おわりに**
>
> 開発した超音波センサは，超音波音響レンズの採用によって正面から30°の方向まで検出エリアを拡大した。ところが，最小物体検出能力を高めることには成功していない。その原因は受信信号のレベルが低いためであり，音響レンズでの損失を減らす工夫が望まれる。

「おわりに」では，「考察」で記した内容を繰り返さないように注意します。

〔3〕「まとめ」を入れるとき　論文の冒頭に “Abstract” や「要約」「摘要」を記すときには，「まとめ」は入れないほうがよいでしょう。なぜなら，「まとめ」は論文の「要約」であり，同じことの繰り返しになるからです。

「まとめ」では，研究の目的・論文の目標，アイテムの記述，測定結果，および考察（**入れなくてもよい**）**を，それぞれ1～2文で記します**。言い換えれば，論文のエッセンスを数行に要約します。それはそのまま「要約」であり，英訳すれば “Abstract” になります。

> **例 2.63**
>
> **6. まとめ**
>
> 作業ロボットの安全性向上を目的として，障害物検出用超音波センサを開発した。センサには検出エリアを広げるため，超音波音響レンズを設計して取り付けた。センサは，正面軸上および正面軸から30°の方向に距離100 mmで配置した直径50 mmの球体を検出可能であった。しかし，直径40 mmの球体では，垂直30°の方向で検出できなかった。使用環境では人の指を検出できることが求められるため，最小物体検出能力の向上を必要とする。

章のタイトルを「まとめ」としておきながら，「今後の展望」を書いたようなものを散見します。「まとめ」と題したときには，論文の内容をまとめます。

2.2.10 謝　　辞

指導や協力をいただいた方に謝意を表します。順序は，学外から学内の方とします。謝意を表す方をフルネームで，学外者は学位または敬称を，学内者は職名を，学生は専攻と学年を添えて記します。学外から補助金を受けたときにも，その旨を記します。

> **例 2.64**　本研究の遂行にあたっては，株式会社ナロコより試料の提供をいただくとともに，同社織田信長博士から技術指導をいただいた。論文の作成に際しては豊臣秀吉教授のご指導をいただいた。装置の製作には修士課程２年徳川家康さんのご協力をいただいた。本研究には財団法人ロコナ補助金を用いた。ここに深謝する。

2.2.11 参 考 文 献

〔1〕 **文献番号のつけ方**　論文や書籍などを参照したときには，著者の名字に続けて参照した対象を記し，半角上付き数字で**文献番号**を示します。文献

番号は，著者の名字に続けて，または，参考にしたことを述べた直後，あるいは，句読点の手前に示します。

例 2.65

【①】 リンカーンら[1]は，赤外線を用いた障害物検出法を報告した。

【②】 リンカーンらは，赤外線を用いた障害物検出法を報告[1]した。

【③】 リンカーンらは，赤外線を用いた障害物検出法を報告した[1]。

論文の中では，いずれかのスタイルで統一してください。

例 2.65 に示したように著者には敬称を用いません。「リンカーン大統領」や「××教授」「□□さん」などとはしません。

文献に記されているとおりに，和文書から参照したときには外国人名もカタカナで，欧文誌を参照したときには日本人名もアルファベットで記します。アルファベットで記された日本（中国，韓国）人著者の漢字表記を知っているとしても，印刷されたとおりに記します。

書籍を参考とするときにも，原則として著者名を記します。

例 2.66

【×な例】

『プログラミング言語 C--』[2]に記されている検出アルゴリズムに，物体移動時の予測を加えた。

【○な例】

山縣の検出アルゴリズム[2]に，物体移動時の予測を加えた。

ここで，例 2.66【○な例】では「山縣」のように旧字体が用いられていますが,「山県」と常用漢字にはしないで，文献に示されたとおりに記します。

著者名が示されない統計報告やデータシートなどを参考としたときには,

例 2.67　計測回路は ABC-1234 データシート[3]を参考に設計した。

のように資料名を示して文献番号を記します。

文献番号の示し方は，両カッコのほか，右カッコだけ，カッコなし，など卒論集や学術誌によって異なりますので確認してください。また，本文中の文献番号と参考文献リストのカッコのスタイルは対応させます。本文中が右カッコだけなら，参考文献リストもそれに合わせます。いずれの場合も参照番号およびカッコは半角で記載します。

例 2.68

【①】 Churchill ら[(4)]はレーザ光による障害物検出法を提案した。

【②】 Churchill ら[4)] はレーザ光による障害物検出法を提案した。

【③】 Churchill ら[4] はレーザ光による障害物検出法を提案した。

〔2〕 **参考文献リスト**　論文の最後に，参考文献リストを示します。例 2.65【①】，2.66【○な例】，2.67，2.68【①】の参考文献例を例 2.69 に示します。

（1） **学術誌からの参照**　著者名，タイトル，掲載誌名，巻（号），pp. 開始ページ-終了ページ，発行年を示します。複数著者のとき本文では「筆頭著者の名字＋ら」と略しましたが，参考文献リストでは原則として全員を記します。ただし人数が多いときには「筆頭著者名＋ほか」として略すこともあります。

（2） **書籍からの参照**　著者名，タイトル（書籍の中の章タイトル），編集者名〔編〕[†]，書籍名，pp. 開始ページ-終了ページ，発行年，を記載します。ここでは参考元が 1 ページであったときの例として "p." としました。"p." は "page" の略，"pp." は "pages" の略です。

（3） **Web ページからの参照**　企業名（株式会社などの種類は略す），タイトル，URL とそのページを参照した年月日を示します。URL が 1 行で収まらないときには，改行して示します。

† 編集者名が示されていない書籍では不要。

（4） **欧文誌からの参照**　欧文で記します。欧文ではカンマとピリオドは半角で記して，その後に半角スペースを入れます。著者名は，原則として first name のイニシャル，ピリオド，last name を記しますが，first name を略さないで示すフォーマットもあります。複数著者を略すときには，“et al.” †とします。また，学術誌名の “Journal of” は “J.” と略します。

例 2.69

参考文献

（1） エイブラハム・リンカーンほか，赤外線を用いた近接障害物検出方法，日本なんでもかんでも学会誌，123(4), pp. 56-78, 1987

（2） 山縣有朋，強化学習による障害物検出アルゴリズム，日本なんでも応用学会編，プログラミング言語 C--，ロナコ出版，p. 90，2001

（3） ABC 電子，ABC-1234 データシート，www.abc.com/def/ghk.html, 参照日：2019.2.30

（4） W. Churchill, et al., An obstacle detection sensor using a laser diode, J. Ultra-Super Sensors, 56(7), pp. 56-78, 1999

著者名の後をコロンで区切る，「巻（号)」でなくて「巻－号」と示す，発行年の後にピリオドを入れる，など参考文献のフォーマットは論文誌によって異なります。よく確認しましょう。

〔3〕 **参照してよいもの／そうでないもの**

参考文献とできる資料は，公表されたものに限ります。未発表の論文や，研究室内でしか閲覧できないデータは参考文献にはできません。また，資料は信頼できる情報源からのものに限ります。信頼できる情報源を以下に示します。

（1） **論　　文**　学術誌は英文，和文を問わず参考文献にできます。

研究会や国際会議抄録も参考文献とできますが，その内容は論文として公表されているかもしれません。著者名より検索して，あれば論文のほうを参考文

† ラテン語 “et alii（およびその他の者)” の短縮形。“al” と省略しているので，省略のピリオドを記します。

献とします。

（2） **Web ペ ー ジ**　政府機関，UNESCO などの国連機関，OECD などの国際団体，新聞社・通信社が発表する統計などは信頼できる数値です。電子情報技術産業協会などの業界団体，当該分野のメーカーの Web ページなどの技術情報も参考にできます。

Wikipedia は便利ですが，玉石混淆（ぎょくせきこんこう）[†1] です。まちがった情報も少なからず存在していますので使いません。幸いなことに多くの Wikipedia ページは編集方針[†2] にしたがって出典を明記しています。ですから，これらの原典が信頼のおけるものであれば，それを読んで参考文献とします。Wikipedia ページをみただけで，読まない原典を参考文献とするのはルール違反です。

個人のブログ，まとめサイト，質問サイトなどは参考文献とはしません。情報の信憑性（しんぴょうせい）[†3] が保証されないからです。

---

†1　すぐれたものとくだらないものが，まじっていること。（出典：『角川必携国語辞典』，KADOKAWA より抜粋）

†2　https://ja.wikipedia.org/wiki/Wikipedia：出典を明記する（2019 年 9 月現在）

†3　ものごとをほんとうのこととして信用できる度合い。どこまで信頼できるかという程度。（出典：『角川必携国語辞典』，KADOKAWA より抜粋）

（3）　書籍・技術情報誌・データシート　当該分野のエンジニアや研究者を対象として論文を記すのですから，大学学部あるいは高専教科書レベルの書籍は参考文献とはしません。大学院レベルの書籍，その分野の技術情報誌，使用したアイテムのデータシート，アプリケーションマニュアルなどの対象者が詳しくないと思われる情報については参考文献に加えるようにします。

また，研究分野以外の分野，たとえば農業や医療に関係する論文を記すときには，その分野では学部レベルの知識であっても工学者には知られていないこともあります。このようなときには，読み手の理解を助けるために参考文献に加えることもあります。

2.2.12　概要・Abstract

概要（摘要，要旨）は，論文の本編の前に位置しますが，記すのは最後とします。なぜなら概要は，できあがった論文の最も重要な点を記すものだからです。

構成は以下のようにします。

概要の構成

- **研究をとりまく状況あるいは必要性，およびそれに対する解決法（どのようなアイテムを作るか），あるいはなにを明らかにするのか（1～2文）**
- **アイテムの説明（1～3文）**
- **アイテムのパフォーマンス（結果，特徴）（1～2文）**

ときとして，「はじめに」の章をほとんどそのまま転記したものをみかけますが，それではアイテムのアピールとなりません。アイテムとその代表的パフォーマンスを示して，読み手に本編を読もうという気にさせるのが概要の役割です。

概要には図や表，式は用いません。文字だけで記します。また，参考文献も入れません。文字数が規定されているときは，範囲内に収めます。

例 2.70

概要

本書は，稚拙あるいはあいまいな記述を予防し，執筆者の文章作成にかかわる労力を低減し，よりよい卒論を完成することを目的として執筆した。1章では論理的な日本語記述のための要点を概説し，2章では論文として記述すべき内容を説明した。ABC 大学 BCD 学科における調査では，本書の学習によって論文のミスを減少できることが示唆された。

Abstract も同様の構成とします。

例 2.71

Abstract

The purpose of this book is to finish a well described graduation thesis for preventing clumsy sentences and ambiguous expressions while reducing the writer's labor of composition. This book describes the essentials of Japanese logical writing in Chapter 1, and the contents of engineering writing in Chapter 2. A survey at Department BCD of ABC University indicated that the errors in the papers were decreased by studying this book.

2.3 論文のフォーマット

2.3.1 全角文字と半角文字

ワープロ文書には，全角文字（ア，イ，ウ）と半角文字（ｱ，ｲ，ｳ）があります。**和文では，文字（カタカナを含む）やカッコ，句読点を全角**で記します。ただし和文の中に挿入される**欧文表記および式，数字，量記号，変数，単位は半角**とします。単位にカッコを用いるときは，カッコも半角です。

句読点は，多くの工学系学術誌で「，（カンマ）」と「．（ピリオド）」が使われています。出版社によって，また，文部科学省検定教科書では「，」と「。

(まる)」の組み合わせが用いられます。あるいは縦書きと同じく「、(てん)」と「。」を用いた書籍もあります。

卒論集や学術誌がどの組み合わせを用いているかを確認して，それに合わせます。論文を書くときには，パソコンの「かな漢字変換システム」を，使用する句読点の組み合わせに設定します。それでも，おせっかいな変換システムは，意図しない種類の句読点に変換することもあります。一度書き終えたら，ワープロソフトの変換機能を用いて統一しましょう。「.」から「。」への変換では，章や節の見出しなど「.」を用いたいところもあると思います。一括変換ではなく，個別にチェックしてください。

2.3.2 数　　　式

変数および量記号[†]は，半角のイタリック体（斜体）で示します。数字および「＝」「＋」「－」などの数学記号，単位は半角のローマン体（立体）とします。式と本文でフォントとローマン／イタリックが異ならないようにします。

式は文の中に入れる書き方と，一つの文として扱う書き方の2通りがあります。どちらでも書きやすいほうを用いてください。原則として，一つの論文の中では，どちらかの書き方に統一します。

例 2.72

【式を文の中に入れる】

抵抗 R〔Ω〕に電流 I〔A〕が流れるとき，抵抗の端子電圧 E〔V〕は，

$$E=IR \qquad (1)$$

となる。

【式を文として扱う】

試料のヤング率 E〔Pa〕を式 (2) より求める。

† 角度を表す α, β, γ など，時間を表す t, 周波数を表す f, 質量を表す m, 力を表す F などの記号。JIS Z 8202 : 2000 に規定されています。

$$E=\frac{\sigma}{\varepsilon} \tag{2}$$

ここで σ〔Pa〕は応力，ε はひずみである。

例 2.72 に示したように，分野が異なれば同じ量記号を異なる物理量に用いることもあります。**数式で使用する量記号や変数は，必ず本文で説明してください**。また，単位を式の中に入れてもよいのですが，本文中の量記号の説明とともに示したほうが読みやすくできます。

数式の配置は，本文中央揃え，または 3 文字くらいの左インデントをつけて，など論文集のフォーマットに合わせます。

数式には，（1）のように式番号を示します。本文で式に言及するときは，「式（1）」のように書きます。「(1）式」ではありません。

2.3.3　数値と単位の表記

〔1〕**単　　位**　単位は，本文，式ともに国際単位系（SI）および例外単位（JIS Z 8203：2000 に規定されている）を用います。

例 2.73

【×な例】

気温摂氏２０度，湿度８０％，向かい風５〔m/s〕でのドローンの最高速度は２０Ｋｍ／ｈであった。

【○な例】

気温 20 ℃，湿度 80 %，向かい風 5 m/s でのドローンの最高速度は 20 km/h であった。

数字と単位は別の単語です。ですから，間に半角スペース（␣）を挿入します。3km ではありません。3␣km と記します。

単位は一つの単語として扱いますので，m␣/␣s とスペースを空けません。m/s と表記します。k や m などの接頭語も含めて 1 語とみなします。kg/m^2 であり，mV です。

秒速のように割り算を含む単位では，m/s と $m \cdot s^{-1}$ のどちらの記載方法もあります。どちらを用いるかは，研究分野の流儀にしたがってください。

時間の SI 単位は秒〔s〕ですが，例外単位として時〔h〕や分〔min〕の使用も認められています。秒速に換算するよりも，時速〔km/h〕のほうがわかりやすいときに使用します。いうまでもないと思いますが，10^3 の接頭語である k は小文字です。お節介なワープロが文頭文字を大文字に変換しようとします。ディスプレイでは細かな差がわかりにくいですので，プリントアウトして確認します。

〔2〕 単位のカッコ　国際規格 ISO 80000 では，数値に続く単位にはカッコをつけません。学術誌や書籍にはそれぞれの流儀があります。

・文部科学省検定教科書 … 量記号（変数）の後の単位は f〔Hz〕のように亀甲カッコで括り，数値の後は 3 kHz のようにカッコなし。

・和文教科書・学術誌 … F [N]，3 [m] のようにブラケットで括るものが多い。量記号（変数）だけ，あるいは数値だけに [ ] を用いるものもある。

・欧文教科書・学術誌 … 3 kPa のようにカッコなしが一般的。0.1 (mN·m) のように丸カッコ（半角）を用いるものもある。

論文を発表しようとする卒論集や学術誌がどの表記を採用しているのかを確認して合わせます。

単位にカッコを用いるときにも，%（パーセント）は 1/100 を示す記号であって単位ではありません。ですから % にはカッコを使いません。

例 2.74

【×な例】 45.6〔%〕

【○な例】 45.6 %

2.3.4 見　出　し

「章」「節」「項」「目」の見出しは，卒論集や学術誌のフォーマットに合わせ

ます。たとえば，

例 2.75

2．○○○○（ゴシック 10 ポイント。行の前を 1 行空ける）

2.1　○○○○（明朝 10 ポイント）

　2.2.1　○○○○（1 文字下げて，明朝 9 ポイント）

　　（1）○○○○（2 文字下げて，明朝 9 ポイント）

（本文。段落の先頭は 1 文字下げて，明朝 9 ポイント）

のように，定められているかもしれません。それぞれに，番号を全角／半角とする，数字の後をピリオド／スペースとする，などのフォーマットがありますので，それらを確認します。

2.3.5　フォント・ポイント

この本でも用いている**明朝体**は，千年以上も昔に木版印刷のために毛筆の楷書体を模して作られたフォントです†。横線が細く，縦線が太く，線の端には毛筆の「とめ」「はね」がデザイン化されています。細かなサイズでの読みやすさに優れているため，国内の書籍や新聞，雑誌では，明朝体が多く使われています。

ゴシック体は，すべての線がほぼ同じ太さにみえるようにデザインされた書体です。細かな文字サイズでは読みにくいのですが，画面上で表示サイズを任意に変更するのに適しているため，Web ページやスマートフォンで使われることが多くなっています。

論文は，電子版もありますが，本文は明朝体フォントを使用します。明朝フォントには，MS 明朝，小塚明朝，游（ゆう）明朝などの種類があります。ちなみにこの本で使われているフォントはリュウミン L です。学会の予稿など，著者が印刷原稿を作成するときには，指定されたフォントを使用します。投稿規定

† http://www.morisawa.co.jp/culture/dictionary/1955（2019 年 9 月現在）

を確認してください。

フォントの指定がないときには，MS 明朝などの**等幅フォント**を用いましょう。等幅フォントとは，それぞれの文字の幅が等しい字体です。これに対して文字によって幅が異なる字体を**プロポーショナルフォント**と呼びます。MS P 明朝などがプロポーショナルフォントです。

【MS 明朝】　等幅フォントとプロポーショナルフォントの比較です。

【MS P 明朝】　等幅フォントとプロポーショナルフォントの比較です。

等幅フォントを使う理由は，編集作業を楽にするためです。幅が等しいため，同じ幅の行には同じ文字数が入り，横方向の文字の位置も見た目が揃います。等幅フォントを用いれば，半角文字の幅は全角の半分となります。ただし英単語などの半角の文字が混在するとき，あるいは禁則処理（行頭にカンマやピリオド，拗音，閉じカッコなどを入れないようにする処理）によってワープロが左右幅を自動的に揃えるために，文字位置がずれることもあります。

ポイントとは，文字サイズの単位です。“pt.” と略記されます。論文（本文）では 9 ポイントが一般的です。指定されたサイズを使用します。

2.4　統　計　検　定

2.4.1　なぜ統計を用いるのか

論文では，新たなアイテムに用いる材料や方法，開発したアイテム，あるいは長期間使用して劣化したアイテムを測定して結果を示します。この測定の目的は，つぎのアイテムに採用するアイデアの有効性を予測することです。

いま，電池の特性向上を目的として電極を開発しているとします。電極の材質や形状や加工法などのパラメータを変更して特性の変化を調べます。このとき，どれだけ注意深く製作しようと，電極は，完全に同じにはできません。材料をカットすれば長さは数十μm くらいばらつき，表面をクリーニングすれば残った酸化物はμg くらいばらつき，電極とリード線を接続すれば接触抵抗は数 mΩ くらいばらつきます。このため，試作した電池の特性もまったく同じ

にはなりません。

ばらついた特性値は，たまたま優れているのかも，たまたま劣っているのかもしれません。どちらにしても，アイデアの有効性を予測するためには不都合です。つまり測定では，アイデアを用いたアイテムがどのような特性になるかを，少ないサンプルから予測することが求められます。そこで，統計を活用します。

2.4.2 母集団とは

研究でアイテムを何千個，何万個と作ることはありませんが，多数を作ったときの特性を予測できるなら，作らなくても目的は達せられます。

無限に，とはできませんので，1 000 個あるいは 10 000 個を作ると考えましょう。この多数個の集まりを**母集団**と考えます。試作した数個を測定するのですが，これらは N 個の母集団から取り出した n 個の**サンプル**（**標本**）とみなします。測定の目的を達成するためには，n 個のサンプルから N 個の母集団を推定できればよいのです。

2.4.3　平均値だけではわからない

例 2.47【×な例】の表 2 では，従来型の陽極 A と改良した陽極 B を用いて試作した電池の放電容量を示しました。改良型の特性が優れていることを示したい気持ちはわかるのですが，平均値を比較しただけで「増加した」ということはできません。

例 2.47 のデータを棒グラフで示します（**図 2.4**）。なんとなく B のほうが大きいようにもみえますが，右端のデータを除けば，それほど違ったようにはみえません。

トップデータを示して「効果は個人差があります」と限定条件を小さな文字

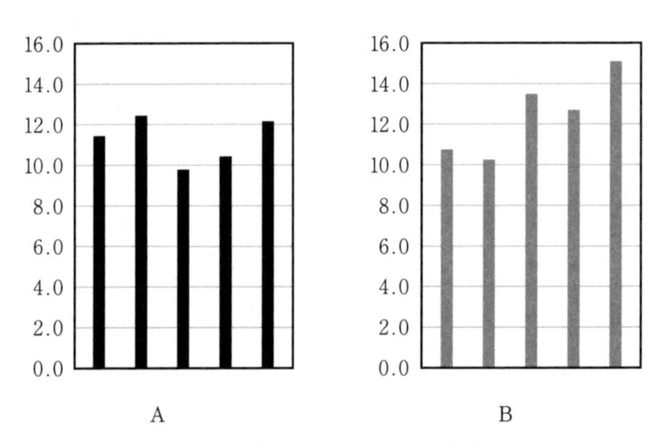

図 2.4　測定例 1（例 2.47 表 2）

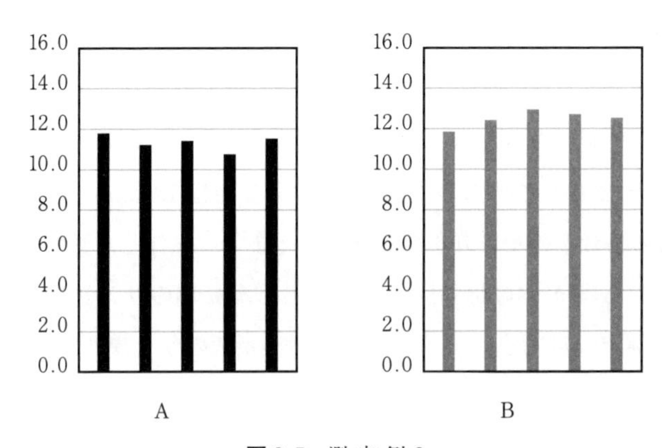

図 2.5　測 定 例 2

で記したうえで「痩せられる！」とうたうダイエット食品の広告手法は，論文では不適切です。

たとえば5個のデータが**図2.5**のようであったのなら，「増加した」といえるかもしれません。じつのところ，図2.4と図2.5のグループAとグループBそれぞれの平均値は同じです。異なるのはデータの「ばらつき」です。**差を議論するためには，平均値だけでなくばらつきも考慮しなければなりません。**

2.4.4 分　　　散

データのばらつきは，(平均値からどれだけ離れているか)^{2}の平均値として表します。n個のサンプル（標本）を$x_i, \cdots, x_n$としたときの分散（**標本分散**）s^2は，平均（**標本平均**）値X_mを用いて，

$$X_m = \frac{x_1 + x_2 + \cdots + x_n}{n} = \frac{1}{n}\sum_{i=1}^{n} x_i \tag{2.3}$$

$$s^2 = \frac{(x_1 - X_m)^2 + (x_2 - X_m)^2 + \cdots + (x_n - X_m)^2}{n} = \frac{1}{n}\sum_{i=1}^{n}(x_i - X_m)^2 \tag{2.4}$$

となります。

2.4.5 正　規　分　布

電池のような人工物を多数製造すれば，その特性値は**正規分布**を示します。正規分布とは，式（2.5）に示す確率密度関数です。ある測定値xが出現する確率は，母集団の平均（**母平均**）μと分散（**母分散**）σ^2を用いて，

$$f(x) = \frac{1}{\sqrt{2\pi\sigma}}\exp = \left(-\frac{(x-\mu)^2}{2\sigma^2}\right) \qquad (-\infty < x < \infty) \tag{2.5}$$

と表されます。正規分布の式は複雑ですから，$N(\mu, \sigma^2)$と置き換えて示します。

図2.4に示したデータの平均値は11.32と12.48，分散は0.98と3.1でした。これを式（2.5）で表せば**図2.6**になります。カーブからは分散が大きくなると，サンプルの存在する領域が広がることがわかります。ここでは，2グループの分布もかなり重なっています。

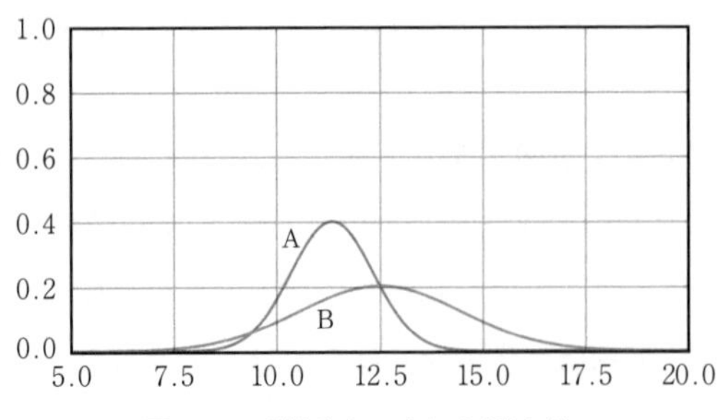

図 2.6　正規分布で表した測定例 1

一方，図 2.5 のデータの分散は 0.23 と 0.050 です。グラフは**図 2.7** となります。分散が小さく，分布の重なりもわずかです。これならば「増加した」といえるかもしれません。

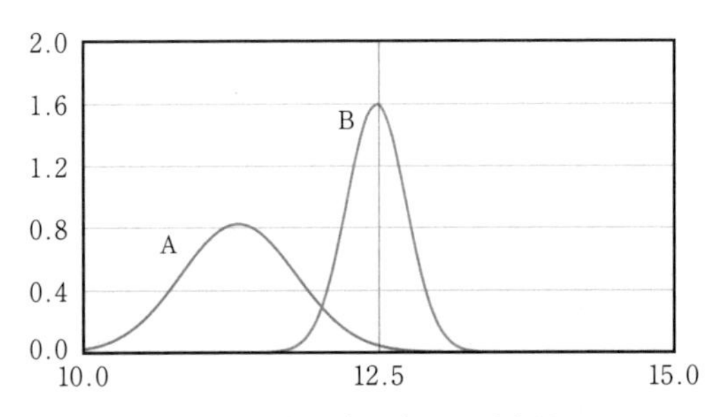

図 2.7　正規分布で表した測定例 2

2.4.6　サンプルから母集団を推定する

母平均 μ と母分散 σ^2 は，母集団を構成する N 個すべてを測定して得る値です。ですから，ほとんどの場合得ることはできません。われわれが測定できる平均と分散は，母集団から取り出した n 個のサンプルから求めた標本平均 X_m と標本分散 s^2 です。X_m と s^2 は，μ と σ^2 とまったく同じではありません。サンプル数 n を増やせば X_m と s^2 は，母集団の μ と σ^2 に近づきます。しかし n を増やすには，時間もお金もかかります。ですので，少ない n から求めた X_m と s^2 から，μ と σ^2 を推定します。

いま，標本分散 s^2 は母分散 σ^2 よりも小さな値となることがわかっています。そこで，標本分散から母分散を推定するため，n ではなく $n-1$ で割り算した**不偏分散** u^2 を使います。

$$u^2 = \frac{1}{n-1}\sum_{i=1}^{n}(x_i - X_m)^2 \tag{2.6}$$

ここで $n-1$ は自由度と呼ばれます。平均 X_m を求めるためには n 個の値を使います。X_m の値を変えないためには，1 から $n-1$ 番目の値を自由に決めたとしても，n 番目の値は自由にはできないからです。

2.4.7 標　準　偏　差

不偏分散 u^2 は（標本分散 s^2 も），平均値と単位（次元）が異なります。そこで不偏分散 u^2 の平方根である**不偏標準偏差** u を用いて母集団のばらつきを表します。この不偏標準偏差 u が，いわゆる**標準偏差**（standard deviation, SD）です。

$$\mathrm{SD} = u = \sqrt{\frac{1}{n-1}\sum_{i=1}^{n}(x_i - X_m)^2} \tag{2.7}$$

標本標準偏差 s は測定値のばらつきを表す値ですが，**不偏標準偏差 u は母集団の標準偏差 σ を推定した値です**。Excel では STDEV.S()関数（STDEV（）関数）を用いて求めます（標本標準偏差を求める関数は STDEV.P（）です）。

正規分布では確率的に，平均値±SD の範囲に全要素の 68.3 %を，平均値±2 SD の範囲には 95.5 %を含みます。ですから平均値±SD がわかれば，測定値がどのくらいの範囲に分布するのか，おおよその見当をつけられます。

図 2.4 の例を平均値±SD で記せば，グループ A は 11.32±0.99，グループ B は 12.48±1.97 です。平均値±SD の範囲は 10.21 ～ 12.43 と 10.51 ～ 14.45 となりますから，図 2.6 をみるまでもなく，かなりの部分が重なっているとわかります。一方，図 2.5 の例ではグループ A は 11.32±0.54，グループ B は 12.48±0.25 です。平均値±2 SD の範囲に広げても 10.24 ～ 12.40 と 11.98 ～ 12.98 ですから，重なる範囲は広くないことがわかります。グラフ（図 2.7）も重なりはわずかです。

2.4.8　母集団から取り出したサンプルの平均値

いま，正規分布 $N(\mu, \sigma^2)$ を示す母集団から n 個のサンプルを取り出して X_m を計算します。この操作を繰り返して，平均値 X_{m1}，X_{m2}，…，X_{mk} を得ます。すると，これらの平均値の集団もまた，母集団と同じく正規分布することがわかっています。このとき，平均値の集団の分散は，母分散 σ^2 をサンプル数 n で割った値となります。

2.4.9　t　分　布

平均値の集団は，正規分布 $N(\mu, \sigma^2/n)$ を示しますが，測定時に母分散 σ^2 を知ることはできません。そのため不偏分散 u^2 を用いるのですが，σ^2 を u^2 に置き換えると，正規分布とは若干異なる分布を示します。これを **t 分布**と呼び，$t(\mu, u^2/n)$ と表します。

不偏分散 u^2 は母分散 σ^2 を推定するのですが，サンプル数 n が少ないときには u^2 の σ^2 に対するばらつきが大きく，t 分布のすそ野は広がります。**図 2.8** に正規分布と，自由度 1（$n=2$）と 4（$n=5$）の t 分布を示します。サンプル数 n が大きくなると，t 分布は正規分布に近づきます。だいたい，自由度が 10 を超えると，かなり重なったようにみえます。

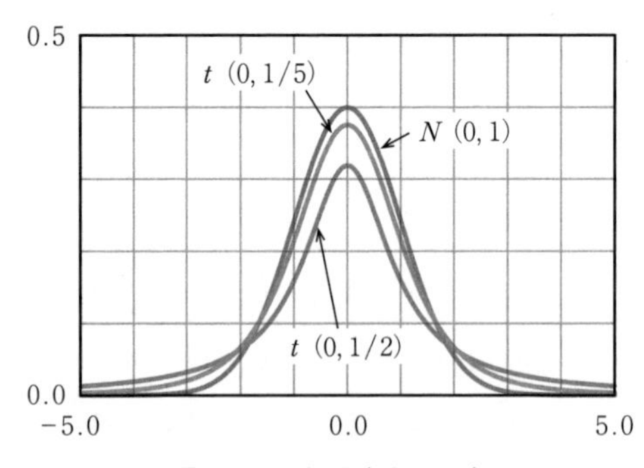

図 2.8　正規分布と t 分布

2.4.10 標　準　誤　差

t 分布の分散 u^2/n も，ばらつきを表します。ただしサンプルのばらつきではなく，標本の平均値の集団 $X_{m1} \sim X_{mk}$ のばらつきです。ここで，標本平均 X_m は母平均 μ を中心に正規分布しますから，分散の平方根 $u/\sqrt{n}$ は X_m の μ に対するばらつき，つまり「母平均に対する標本平均の推定精度」を示します。そこで $u/\sqrt{n}$ を**標本平均の標準誤差**（standard error or the mean，SEM）あるいは**標準誤差**（standard error，SE）と呼びます。

$$\mathrm{SEM} = \mathrm{SE} = \frac{u}{\sqrt{n}} \tag{2.8}$$

2.4.11 標準偏差と標準誤差

標準誤差は，母平均 μ が存在する確率範囲を示します。平均値（標本平均）±SE の範囲に μ が入る可能性は 68.3 %，平均値 ±2 SE の範囲では 95.5 %と期待されます。ですから「サンプル集団間の比較には，平均値 ±SE を示す」とする説明もみます。

しかし，**工学系論文では「平均値±SD」を示すべき**と考えます。なぜなら，エンジニアリングでは製品の品質を重視します。高い品質[†]を実現するためには，特性のばらつきをおさえなければならないからです。トップデータがよくても，よくないものが含まれるようでは製品としての品質を高くはできません。シャープペンの芯はばらつきが小さいから詰まらず，おもちゃのブロックは高さと嵌合（かんごう）部（はまる部分）の寸法のばらつきが小さいからしっかりとはまり，ねじとナットは溝の寸法のばらつきが小さいから締め付けられるのです。生産する側からみれば，何千何万個と製造するうちの 1 個ですが，お客様にとっては購入した唯一のものです。その 1 個がボトムデータであれば，製品に対する評価はうまれません。どの 1 個も仕様を下回らないように，つまりは特性値のばらつきを小さく製造することが求められます。

---

† 対象（製品やシステム，プロセス）に本来備わっている特性の集まりが，要求事項を満たす程度（JIS Q 9000：2015，3.6.2 より）。

測定データも同じです。ばらつきが大きいようでは，アイテム試作あるいは測定の方法に改善すべき点があると考えられます。ところが**平均値±SEでは，母平均μのありそうな範囲は示しますが，母集団のばらつきは表しません。**

製品では，ばらつきを最小にすることが重要です。ですから**論文にも，母集団のばらつきを推定する不偏標準偏差u，すなわち平均値±SDを示します。**

2.4.12 データの比較

条件を変えて製作した2種類のアイテムの特性に差がある（と推定できる）かどうかは，**統計検定**を用いて調べます。製作物の特性値は正規分布を示しますから，パラメトリック検定を用います。パラメトリック検定とは，母集団がある特定の分布にしたがうときに用いられる検定法です。ここでは代表的なパラメトリック検定である***t*検定**（student's t-test）を説明します。

いま，「従来型の陽極Aよりも改良した陽極Bを用いた電池の特性が優れている」ことを示したいと考えています。つまり，二つの母集団の平均値は等しくない（$\mu_1 \neq \mu_2$）と示したいのですが，そのためには，それぞれの母集団の平均値は等しい（$\mu_1 = \mu_2$）との仮説を立てます。「差がある」というためには「差がない」との仮説を否定（**棄却**）します。すなわち「無に帰す」となればよいので，これを**帰無仮説**と呼びます。

それでは，帰無仮説をどうやって棄却するのか。

いま，二つの母集団の平均は等しいとの仮説を立てました。このとき，それぞれの母集団からサンプルを取り出して計算した平均値X_{m1}とX_{m2}の出現確率は，母平均μのときが最大で，μから離れるほど下がります。したがって，二つの平均値の差（$X_{m1} - X_{m2}$）の出現確率も$X_{m1} = X_{m2}$，すなわち（$X_{m1} - X_{m2}$）$= 0$のときが最大で，ゼロから離れるほど低くなります。

t検定では，（$X_{m1} - X_{m2}$）の出現確率pを計算します。これは「差がない」ときの出現確率ですから，低い値となったときには「『差がない』との仮説を信じるべき確率」が下がったことになります。科学技術の世界では，出現確率5％（$p = 0.050$）または1％（$p = 0.010$）を**有意水準**[†1]として，これをp値が

下回ったときに「帰無仮説は棄却された」≈「有意[†2]な差がある」とみなします。帰無仮説が正しいのに，これを棄却するという誤りを犯す基準ですから，有意水準は**危険率**とも呼ばれます。

2.4.13 t 検定の例

測定例1（図2.4）からExcelのT.TEST（）関数を用いてt統計量（出現確率）を求めると$p=0.29$です（**図2.9**）。これでは両グループの間に「有意差がある」とはいえません。このとき結果には，

> **例2.76** 電池の放電容量は，陽極Aを用いたときは11.32±1.11 W·h，陽極Bのときは12.48±1.97 W·hであった。平均値では容量増加が示唆されたが，t検定を実施したところ$p=0.29$であり有意差は認められなかった。

---

†1 帰無仮説を棄却する基準。
†2 確率的に偶然とは考えにくいこと。

H4　　fx　=T.TEST(B2:F2,B3:F3,2,3)

	A	B	C	D	E	F	G	H
1	陽極/サンプル	1	2	3	4	5	平均	SD
2	A	11.5	12.5	9.9	10.5	12.2	11.32	1.11
3	B	10.8	10.3	13.5	12.7	15.1	12.48	1.97
4							t検定	0.2927

図 2.9　T.TEST（）関数から求めた p 値（測定例 1）

のように，「増加が示唆された」と弱めて記すのが精一杯です。

図 2.9 に示した Excel の T.TEST( )関数の引数は以下のとおりです。

T.TEST（配列 1，配列 2，尾部，検定の種類）

・配列 1：対象となる一方のデータ

・配列 2：対象となるもう一方のデータ

・尾部（1：片側分布，2：両側分布）：

　通常は 2 とします。どちらか一方が必ず大きくなることがわかっているときには 1 を使います。

・検定の種類（1：対をなすデータ，2：等分散の 2 標本，3：非等分散の 2 標本）：

　通常は 3 とします。1 は paired *t*-test と呼ばれ，同じアイテムに処理や加工を施す前と後を比較するときに用います。2 と 3 は unpaired *t*-test と呼ばれます。等分散検定をしていなければ 3 とします。

測定値のばらつき（標準偏差）が狭くなった測定例 2（図 2.5）の例を**図 2.10** に示します。このときには，サンプルの平均値が同じであっても，$p=0.0056$ となりました。ですから，

例 2.77　陽極 A を用いた電池の放電容量は 11.32±0.54 W·h，陽極 B では 12.48±0.25 W·h であった。t 検定を実施したところ $p=5.6\times10^{-3}$ であり，陽極 B を用いた電池の放電容量は有意に増加した。

	A	B	C	D	E	F	G	H
1	陽極/サンプル	1	2	3	4	5	平均	SD
2	A	12.0	11.0	11.4	10.6	11.6	11.32	0.54
3	B	12.1	12.4	12.7	12.7	12.5	12.48	0.25
4							t検定	0.00555

H4　=T.TEST(B2:F2,B3:F3,2,3)

図 2.10　T.TEST () 関数から求めた p 値（測定例 2）

のように，p 値とともに「有意差あり」と記すことができます。

2.4.14　サンプル数について

測定に際しては，何例を集めればよいか迷います。そこで，まずは 5 例くらい測って検定をして，有意差が得られなければ，例数を増やすこともできなくはありません。

しかし，厳密にいえば，やりながら例数を決めるのはデータねつ造です。なぜなら，1 例増やすごとに検定をして，有意差となったときに実験を終えることもできるからです。

測定に要する時間と費用と労力が許すのなら 10 例，いずれかが不足するなら 6 ～ 7 例と決めて，決めた例数を測定してから検定をします。

2.4.15　2 値変数の比較（χ^2（カイ 2 乗）検定）

いま，二つの顔認証アルゴリズム A と B を用いて認証実験をして，**表 2.2** の結果を得たとします。アルゴリズム A の成功率は B を上回っています。では，この結果から「アルゴリズム A の認証成功率が高い」といえるでしょうか。

成功／失敗などの 2 値変数を比較するときには，χ^2（**カイ 2 乗**）**検定**を用います。表 2.2 の例では，アルゴリズム A の成功率はアルゴリズム B を 9 %上回っています。ところが，アルゴリズム A と B の性能は同じであって，この 9 %の差は偶然生じたのかもしれません。以上のように考えて，帰無仮説を

表 2.2　顔認証アルゴリズムによる認証成功率

アルゴリズム/試行	成功	失敗	成功率	計
A	91	9	91.0 %	100
B	82	18	82.0 %	100
計	173	27	86.5 %	200

「認証成功の割合は等しい」とします。その仮定が正しいとしたときに，9 % の差が生じる確率を調べます。

帰無仮説が成り立つのであれば，どちらの成功率も同じになると期待されます。したがって，成功／失敗の期待値は**表 2.3**†となります。

表 2.3　顔認証アルゴリズムによる認証成功期待値

アルゴリズム／期待値	成功	失敗	成功率	計
A	86.5	13.5	86.5 %	100
B	86.5	13.5	86.5 %	100

Excel を使って計算してみましょう。**図 2.11** の A1 から E6 のセルまでを入力します。E7 セルでは，CHISQ.TEST（実測値範囲，期待値範囲）関数を用いて，χ^2 統計値が偶然に発生する確率を計算します。この例では，$p=0.063$

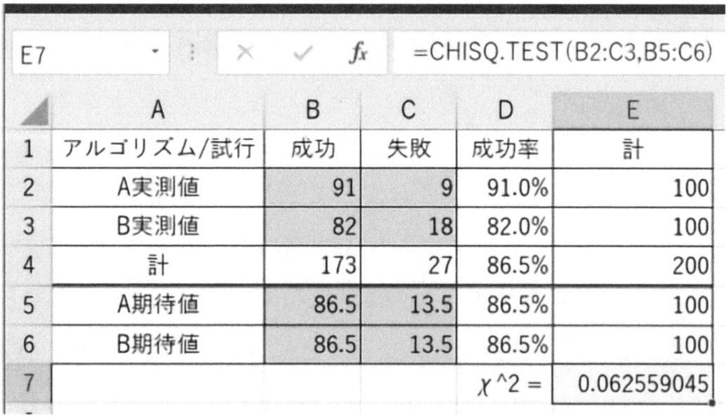

E7　fx　=CHISQ.TEST(B2:C3,B5:C6)

	A	B	C	D	E
1	アルゴリズム/試行	成功	失敗	成功率	計
2	A実測値	91	9	91.0%	100
3	B実測値	82	18	82.0%	100
4	計	173	27	86.5%	200
5	A期待値	86.5	13.5	86.5%	100
6	B期待値	86.5	13.5	86.5%	100
7				χ^2 =	0.062559045

図 2.11　CHISQ.TEST（）関数から求めた χ^2 値

† 表 2.3 は計算のために作成する表であり，論文に示す必要はありません。

となりました。つまり，9.0％の差は，同じ母集団からのデータであっても6.3％の確率で出現します。p 値は5％を超えていますから，帰無仮説は棄却できません。したがって統計的には「アルゴリズムAの成功率が有意に高い」とはいえません。このとき論文には，たとえばつぎのように記します。

> **例 2.78**　アルゴリズムAでは100例中91例の，アルゴリズムBでは100例中82例の認証に成功した。アルゴリズムAの成功率が高かったものの，χ^2 検定を実施したところ，$p=0.063$ であり，有意差はみられなかった。

χ^2 検定においては試行回数が多ければ，成功率は同じでも p 値は下がります。倍の試行回数で同じ成功率となった例を**図 2.12** に示します。このときは $p=0.0084$ となりました。成功率の差は同じ9.0％ですが，こちらは「有意な差を認めた」と主張できます。

E7　=CHISQ.TEST(B2:C3,B5:C6)

	A	B	C	D	E
1	アルゴリズム/試行	成功	失敗	成功率	計
2	A	182	18	91.0%	200
3	B	164	36	82.0%	200
4	計	346	54	86.5%	400
5	A（期待値）	173	27	86.5%	200
6	B（期待値）	173	27	86.5%	200
7				χ^2 =	0.00844582

図 2.12　CHISQ.TEST（）関数から求めた χ^2 値（試行回数を増やしたとき）

2.4.16　3グループ以上の比較

これまで説明した t 検定と χ^2 検定は，いずれも2グループの比較でした。ここで $p<0.050$ とは，同じ母集団からサンプリングしたときに，偶然これだけの差が得られる確率は5％未満ということです。言い換えれば，20回に1回は偶然にこれだけの差が生じます。

したがって，三つのグループAとBとCがあって，AとB，AとCをそれぞれ比較したときに危険率がそれぞれ $p=0.050$ であったとしても，全体としてみれば偶然に差が得られる確率は，$1-0.95^2=0.0975$ にアップします。ですから，t 検定や χ^2 検定を繰り返し用いては，多数のグループ比較はできません。

3グループ以上の比較ではANOVAなどの多変量解析手法を用います。詳しくは専門書を参考にしてください。

2.4.17 そ　の　他

論文に標準偏差を示すときにも，

> **例 2.79**　測定値は，平均値±標準偏差（SD）として示す。

のように，なにを示すのかを明記します。標準誤差が示されているものもあるからです。

平均値 ±SDでは，12.3±4.5のように同じ桁まで，または12.3±4.56のように平均値の1桁下までのSDを示します。

統計検定を用いたときには，有意差のありなしにかかわらず，p 値を $p=0.0049$ のように2桁の有効数字として示します。

有意水準とは，p 値がいくつ未満のときに統計学的に優位と判定するかを示す値です。$p<0.050$ あるいは $p<0.010$ のどちらかとして，論文の中では同じ水準を用います。小さな p 値を得たからといって，$p<0.001$ のような勝手な値を使わないようにします。

ときとして有意水準と p 値を混同した記述をみます。

> **例 2.80**
>
> 【×な例】
>
> 0.49 %の有意差を認めた。

と記しては誤りです。

例 2.80

【○な例】

$p=0.0049$ であり有意差を認めた。

のように記します。

2.5 グラフの作り方

Microsoft Excel は優れたスプレッドシートですが，基本的にビジネス用に作られています。ですから，Excel で作成したグラフを技術文書に用いるためには修正を要します。それでは，修正箇所を説明しましょう。

2.5.1 散　布　図

工学系で最もふつうに使う図です。Excel では**散布図**と呼ばれます（「折れ線図」ではありません！）。x 軸に示されるパラメータを可変し，そのときの測定値を y 軸（または y 軸に示されるパラメータを可変したときの測定値を x 軸）に表します。

図 2.13 は，x 軸に示される信号周波数を変えたときの電圧ゲイン変化を y 軸に表したグラフを作成したところです。Excel で「散布図（平滑線とマーカー）」をクリックすると，このようなグラフが現れます。

それでは，修正を始めましょう。

〔1〕 サ　イ　ズ

グラフをディスプレイ上で拡大して作成すると，印刷されたときの文字が小さくなりがちです。**ディスプレイに印刷されるサイズ**（**刷り上がりサイズ**）**と同じになるように表示しながら作成します。**

① 印刷サイズの横幅は，A4 二段組みなら 80 mm くらい，一段では 120 ～ 140 mm くらいです。確認して幅を合わせてください。

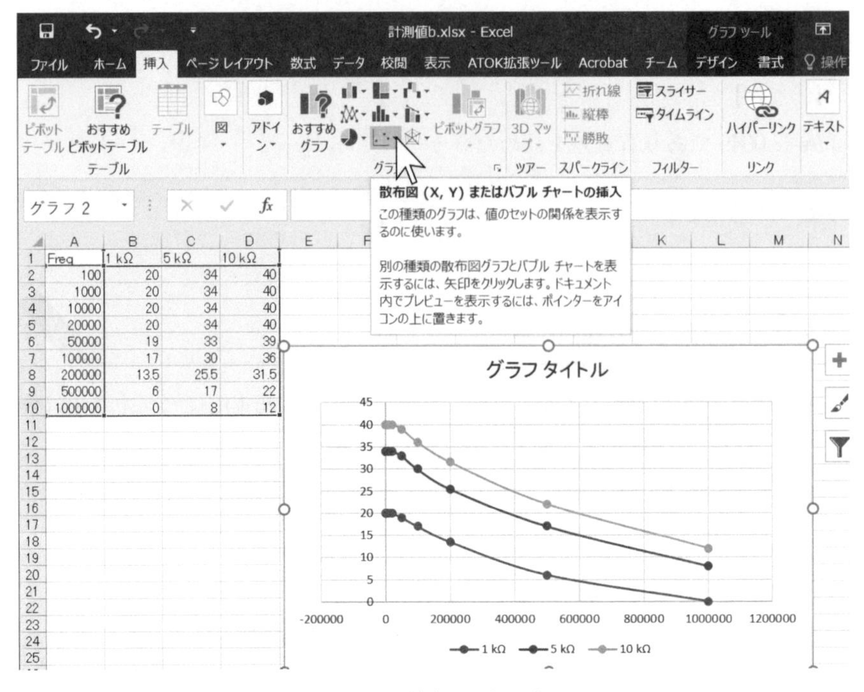

図 2.13　散布図の作り方

② 縦幅は，適切なバランスとなるように定めます。

③ 「グラフタイトル」を削除します。論文の中で通し図番号と図題をつけますので，あるとじゃまになります。

④ 「凡例」は後で位置を決めますが，とりあえず「凡例の書式－凡例のオプション」から「凡例をグラフに重ねずに表示する」オプションのチェックをはずして，右の方に移動させます。

〔2〕 **マーカーをモノクロでも区別できるように**　図 2.13 はモノクロ印刷となっていますが，Excel の原図はカラーです。カラーではそれぞれのマーカーと特性曲線（Excel では平滑線と呼ばれる）の色が違うので区別できますが，モノクロでは区別できません。ですから，

① マーカーの形状を変更します。

② 平滑線は，モノクロ印刷で区別できるように，色の濃さを変えます。

③　理論値や計算値（シミュレーション結果）およびコンピュータやデータロガーを用いた連続測定値では，マーカーは示さないで特性曲線だけとします。

〔3〕 **軸と目盛り**　物理の教科書のグラフでは，軸の先端に矢印が入れられています。これはそのパラメータが無限まで達することを示しています。ところが，エンジニアリングにおける解決案は，決められた条件の範囲で有限の期間，機能するものです。無限大の負荷に耐えることも，永遠に使用できることも想定しません。**想定された負荷の範囲内で，設計された期間，機能を損なわないようにデザインすることが，エンジニアリングにおける信頼性**†です。ですから，軸に無限を表す矢印は入れません。

①　リニア軸か対数軸かを決定します。原則として，対数軸としたときに直線的に推移する特性のときは，対数軸とします。

②　グラフ軸の範囲は，設定したパラメータおよび測定値がはみ出さないようにします。

③　プロットエリアに軸の数値が入り込まないように，ほかの軸との交点を設定します。ゼロを中心としてプラス・マイナスにデータが分布するときも，軸の数値はグラフエリア外に示します（**図 2.14**）。

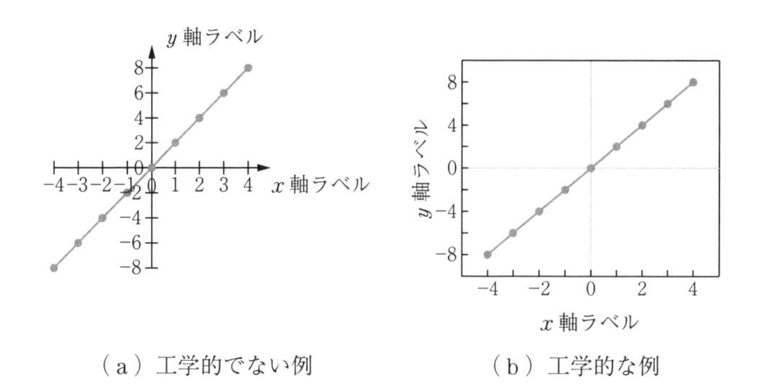

（a）工学的でない例　（b）工学的な例

図 2.14　軸に矢印を入れない・軸の数値をプロットエリアに入れない

† アイテムが，与えられた条件の下で，与えられた期間，故障せずに，要求どおりに遂行できる能力（JIS Z 8115：2019，192-01-24）。

④　縦軸と横軸の線は1.0ポイント以上の太さ，黒色にします。

〔4〕 **軸　ラ　ベ　ル**　グラフは，グラフの中から必要な情報をすべて読み取れるように作成します。軸には，プロットがなにを表すかを読み取れるように情報を示します。

①　軸ラベルには，「信号周波数」「モータ出力トルク」「接合部温度」のように，測定対象とパラメータを組み合わせた名称を記します。

【×な軸ラベル例】　I〔mA〕

のように，量記号だけを示すのではなく，

【○な軸ラベル例】　モータ駆動電流〔mA〕

のように，測定したものがなにかわかる名称とします。量記号を定義しているときには，合わせて示します。

【○な軸ラベル例】　モータ駆動電流 I_{motor}〔mA〕

②　単位を記入します。本文中で単位をカッコで括っているときには，軸ラベルにも同じ形のカッコを用います。無次元量を百分率表示するときには，単位記号ではありませんが100倍されていることを示すために，

【○な軸ラベル例】 モータ駆動増減率〔%〕

のように示します。

③ 軸ラベルは，それぞれの軸の中央付近に，x 軸は横書きとして，y 軸は下から上への横書きとして配置します。

④ 文字色は黒。サイズは，軸の数値より1～2ポイント大きめとします。

〔5〕 軸の数値（軸のオプション－表示形式）

① 軸の数値の桁数が，たとえば，図2.13のように「200000，400000，…」と多いとみづらくなります。指数を用いるか，接頭語を用います。

② それぞれの軸の数値は，データの有効数字の最小桁を下回らないように，**最小の桁を揃えます**。たとえば測定値が，

0.12，1.23，2.34

となっていたのであれば，軸の数値を，

0.00，1.00，2.00，3.00

のように，測定値の有効数字の最小桁と同じか，あるいは，

0.0，1.0，2.0，3.0

のように，誤差を含まない桁（計器の確度内の桁）までを示します。不用意に多くの桁数を記さないようにしましょう。

また，**最小桁が揃っていることを確認します。**

【×な例】 0，0.5，1，1.5，2

のように，揃っていないとみっともないです。

指数表記のときも同じく，有効数字の桁数あるいは1桁少なく示します。たとえば測定値の有効数字が3桁であれば，

0.00E+00，1.00E+01，1.00E+02

または，

0.0E+00，1.0E+01，1.0E+02

とします。

③ 数字は黒色，サイズは8ポイント以上とします。

〔6〕 **プロットエリアのフォーマット**　　技術文書ではプロットエリアを枠線で囲むグラフが一般的ですが，縦軸と横軸だけとするものもあります。また，枠線で囲んだときも，目盛りを示すか，目盛り線を示すか2通りのフォーマットがあります（**図2.15**）。分野ごとの慣習もありますので，どのフォーマットとするかは指導教員と相談してください。どれを用いたときにも，論文の中でのグラフフォーマットは統一してください。

① **縦軸と横軸**（図（a））：目盛り線をなくし，目盛りは内向きとします。
枠線＋目盛り（図（b））：目盛り線をなくし，目盛りは内向きとします。
枠線＋目盛り線（図（c））：目盛りをなくして，目盛り線を縦と横の両方に入れます。目盛り線を横のみにはしません。

② 枠線は縦軸と横軸を同じ太さとして，黒色にします。

③ 目盛り線は枠線より1～2サイズ細くします。対数軸では，補助目盛り線を主目盛り線より細くまたは薄くすると，かっこよくなります。

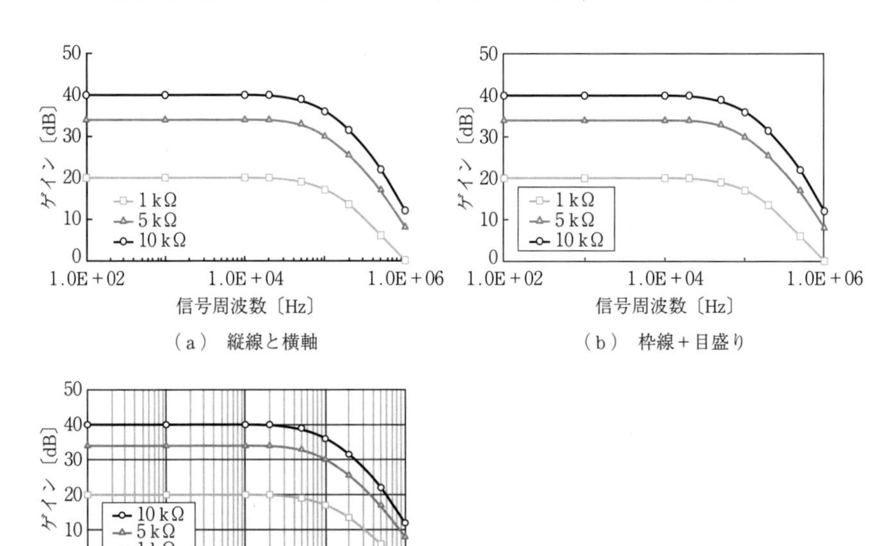

（a） 縦線と横軸

（b） 枠線＋目盛り

（c） 枠線＋目盛り線

図2.15　グラフの形式

〔7〕 **凡　　例**

① 凡例の枠線は，目盛り線がないときにはあってもなくてもかまいません。目盛り線を用いたときには，凡例の枠線をグラフの枠線と同じか1サイズ細くして，凡例の中を白く塗りつぶします。

② 凡例は，プロットや特性曲線を覆い隠さないところに配置します。

③ 細かな点ですが，凡例と特性曲線の並びが揃っているかを確認します。揃っていなければ，プロットエリアを右クリックして「データの選択」を選び，凡例項目の▲▼ボタンを押して並べ替えます（比較のため，図（a），（b）では揃えていません）。

〔8〕 **ワープロに貼り付ける前に**　Excelからワープロにコピーする前に，グラフエリアの枠線を消します。ワープロに貼り付けてからでは消せなくなります。

〔9〕 **そ　の　他**　**図2.16**に示すように，凡例を使わないで，プロットエリアにテキストボックスを挿入して，それぞれのパラメータ名を記すと，手間はかかりますが，わかりやすい図となります。

ここで，図2.16ではx軸を指数から接頭語を用いた形式に変更しています。これは，「軸の書式設定」から「軸のオプション」「表示設定」を選び，「表示形式コード」を

[<1000]#;[<1000000]#, “k” ;#,, “M”

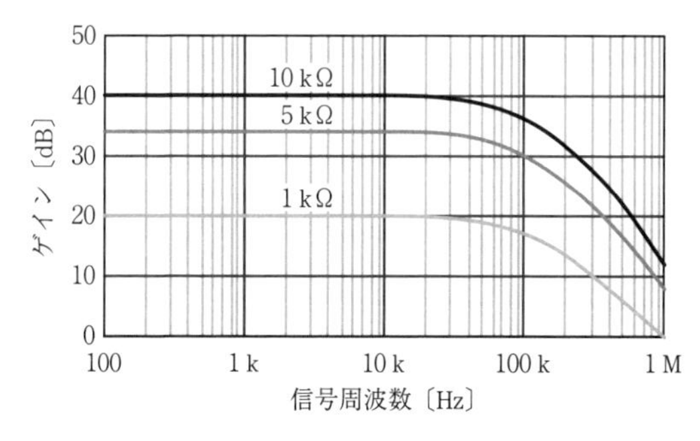

図2.16　パラメータを図中に表記したグラフ

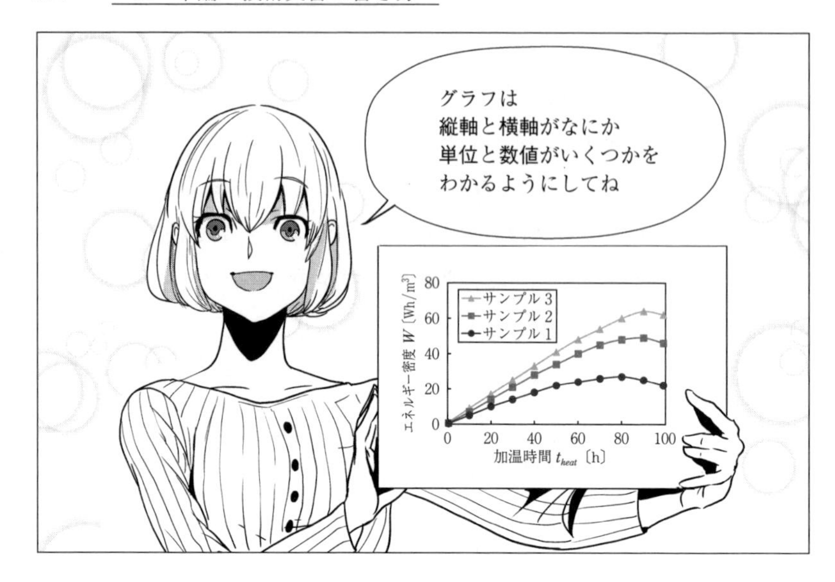

とします。このExcelのコードは,

1 000より小さいときはそのまま

1 000 000より小さいときは1/1 000にして“k”をつける

それ以上のときは1/1 000を2回して“M”をつける

です。詳しくはExcelのヘルプを参照してください。

2.5.2 棒　グ　ラ　フ

複数群の平均値比較には，棒グラフを用いるのがよいでしょう。ここでは標準偏差を表示する方法を説明します。まずは，平均値の棒グラフを作成します（**図2.17**）。

つぎに，グラフエリアを選択して「グラフ要素」から「誤差範囲」をクリックします。グラフには誤差範囲を示すバーが現れます。さらに，「その他のオプション」をクリックすると，誤差範囲の書式設定ウィンドウが現れます（**図2.18**）。そこから「ユーザー設定」「値の指定」を選び，「正の誤差の値」と「負の誤差の値」をいずれも「B3：C3」とします。これで標準偏差が棒の頂上の上下に示されました。

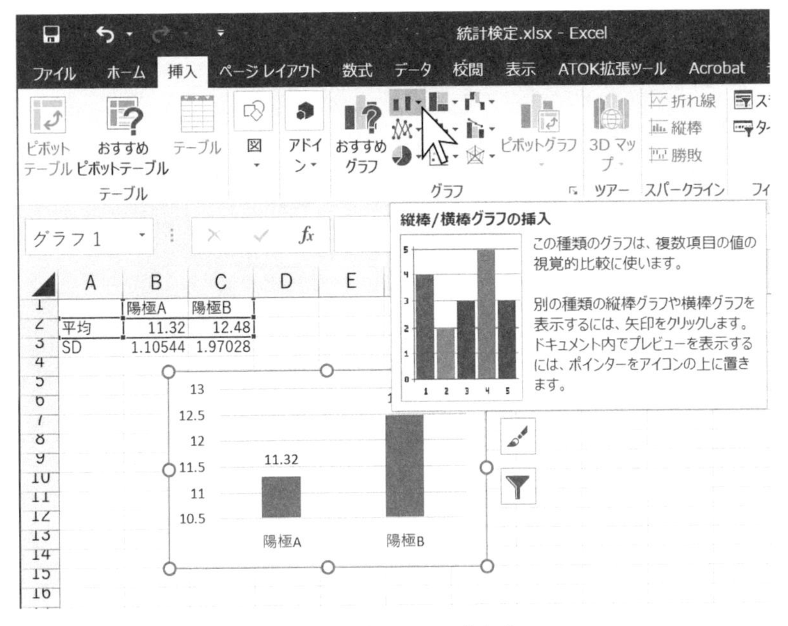

図 2.17　棒グラフの作り方

Excel で作成した棒グラフのプロットエリアは，横線だけとなります。ほかの図に枠線を用いているときには，棒グラフにも入れて揃えます。

また，縦軸には軸ラベルと単位を記します（**図 2.19**）。

2.5.3 円　グ　ラ　フ

円グラフは，全体で 100 %となるようにデータの構成比率を示します。比率に合わせて扇の角度が広がりますので，直感的に割合がわかりやすく，アンケート結果の表示などに適しています。

円グラフには 3D 表示がありますが，これは斜めからみるため角度を把握しにくくなります。技術文書には用いないほうがよいでしょう。

円グラフを用いるときには，データラベルに要素数を，また図題にサンプル数を，($n=179$) のように示します。これによりサンプル数と構成比率を同時に把握できるようになります（**図 2.20**）。

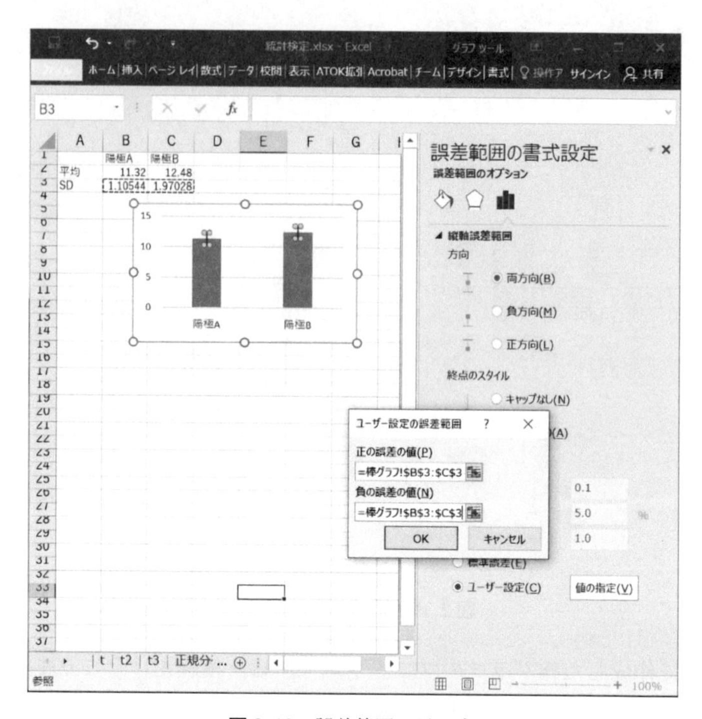

図 2.18　誤差範囲の示し方

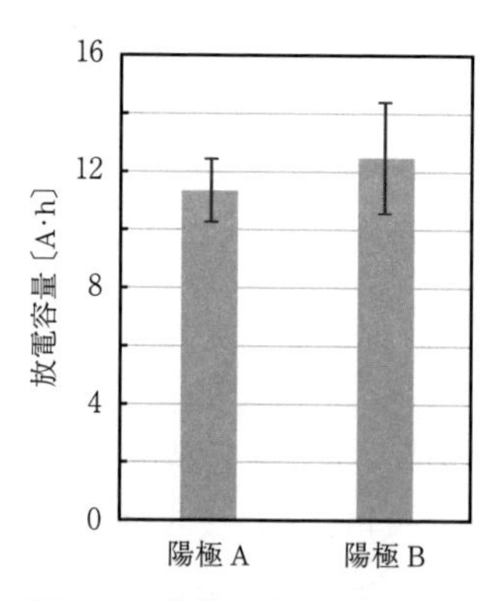

図 2.19　枠線を示した棒グラフ

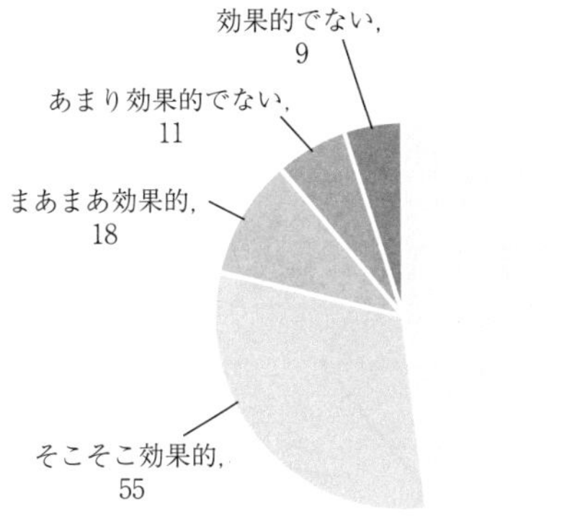

図 2.20　円グラフ例（この本を効果的と感じるか（n = 179））

2.6　提出する前に

2.6.1　推 敲 し よ う

書いたプログラムが一度で動くことがないように，書いた論文にもまちがいは存在します。ですから，書いて，読み直して，チェックします。締め切りギリギリになってから記しているようでは，まちがいだらけの状態でしょう。締め切りには余裕をもたせて，内容を確認しましょう。

推敲（すいこう）とは，辞書によれば，

> **「推敲」… 詩や文を作るとき，字句を何度も練り直すこと。**
>
> 〔故事〕中国の唐の詩人賈島（かとう）が「僧は推す月下の門」の句を作り，「推す」を「敲（たた）く」にするかどうか考えまよって何度も練り直したということから。
>
> （出典：『学研 現代新国語辞典』改訂第六版，学研（Gakken）より抜粋）

です。その道の達人は，一語一語を徹底的に考えます。

書籍では，原稿から印刷用の版を起こした「初校」をプリントアウトして確認し，修正した「再校」をプリントアウトして確認し，さらに修正した「三

校」をプリントアウトして最終チェックします。それぞれ著者と編集者が確認するのですが，それでもまちがいが残ることは少なくありません。

プリントアウトして確認すると，ディスプレイではわからなかったことに気づきます。ですから書いた論文は，少なくとも3回はプリントアウトして推敲しましょう。

2.6.2 チェックリスト

論文ができあがったら，正しくフォーマットが守られているかを確認します。以下に，チェックリストを示します。リストには，本書での項目番号をカッコで示します。

（1） フォーマット（2.3節）

・用紙サイズ，余白は指定されたサイズか

・段組，1行の文字数，ページ内の行数は指定されたとおりか

・タイトル，氏名は指定されたフォント，ポイントを用いているか

・章・節・項・目の番号，図番号，表番号，数式番号は正しく振られているか

・章・節・項・目のフォーマット（フォント，ポイントなど）は指定されたとおりか

（2） **本文フォーマット（2.3節）**

・指定されたフォント，ポイントを用いているか
・途中で改行幅が変わっていないか
・段落を丸ごと字下げしていないか
・段落の冒頭は全角1文字下げているか（半角が混在していることが多い）
・本文は両端揃えとなっているか（均等割り付けになっていないか）
・句読点の種類（「。（まる）」と「．（ピリオド）」／「、（てん）」と「，（カンマ）」）を混用していないか
・和文の句読点は全角となっているか
・欧文表記（参考文献など）の句読点は半角＋半角スペースとなっているか
・箇条書きの語尾形式は揃えているか（体言止め／用言止めの混在，不要な「こと」の羅列はないか），箇条書きの句点を除いているか（1.3.3項〔2〕（4））
・数字，変数，量記号，単位は半角になっているか

（3） **文**

・文の主語と述語のねじれはないか（1.5.2項，1.5.3項）
・述語を羅列していないか（2.2.4項〔7〕（8），2.2.7項〔9〕（3））
・長すぎる文（1段組：3行以上，2段組：4行以上）はないか（1.7.1項）
・漢字とひらがなを適切に使い分けているか（1.6.2項），常用漢字でないものを用いていないか（1.6.1項）
・専門用語は正しく記しているか（2.1.6項，2.1.7項）
・略語は最初に使うときに正式名称を示しているか（2.2.5項〔6〕（3））
・単位のカッコ表記がゆれていないか（2.3.3項〔2〕）

（4） **参考文献**

・本文中の文献番号は正しい位置に挿入されているか（2.2.11項〔1〕）
・本文中の文献番号は，参考文献リストの番号と正しく対応しているか

(2.2.11 項〔1〕)

・文献番号のカッコは，本文中とリストで同じになっているか（2.2.11 項〔1〕)

（5）図　表

・内容を適切に表す図題・表題がつけられているか（2.2.5 項〔4〕(3))

・図番号は図の下，表番号は図の上にあるか（2.2.5 項〔4〕(3))

・図表に関して本文中で説明されているか（2.2.5 項〔4〕(1))

・配置位置は適切か（2.2.5 項〔4〕(4))

・図表の中の要素名称は，本文と同じになっているか（2.2.5 項〔3〕(5))

（6）数　式

・配置は指定されたとおりか（段落の中央に配置する，左端から数文字下げて配置する，など）(2.3.2 項)

・数字，変数，量記号は半角となっているか（2.3.1 項)

・数字，式記号は立体，量記号・変数は斜体（学術誌によっては立体のこともある）となっているか，混用していないか（2.3.2 項)

・数式と本文とで変数の立体／斜体が違っていないか（2.3.2 項）
・すべての量記号・変数を本文中で説明しているか（2.3.2 項）

2.7 本章のまとめ

プログラムの動作を確かめて修正を加えるように，電子回路の特性を測って改良するように，メカニズムを CAE（Computer Aided Engineering）解析して改善を図るように，論文では，書いた文章を読んで見直します。

プログラムでは動作のタイミングや処理時間に気を配るように，電子回路ではノイズや放熱に注視するように，メカニズムでは負荷トルクや機構の干渉を調べるように，文章では論理の組み立てはよいか，方法や結果の説明がなされているか，主語と述語が対応しているか，接続詞は適切か，用語は一貫しているか，図と本文で表記を違えていないか，漢字とかなの使い分けはよいか，などを確認します。

書く。読む。直す。これがわかりやすい文章を作るための方法です。

まずは，書きます。1 章で示されたルールに沿って，作ったものや測ったことを文字にします。このときには，細かいことには気を配りません。とにかく，文字にするのです。

つぎに，主語と述語はねじれていないか，文と文をつなげたら論理的説明となっているか，段落は一つの話題をまとめているか，など文章を確認します。さらには，2 章に示された論文の構成にしたがって，構成を確認します。

そして，直します。要点を一つずつ直していけば，わかりやすい技術文書となります。卒論は，作ったものや測ったことの説明です。プログラムも電子回路もメカニズムも，動くようになるまでには手直しを繰り返しました。文書も同じです。

卒論も，一つ一つ直していきましょう。わかりやすい技術文章を書けるようになるための第一歩となります。

引用・参考文献

1) 山田忠雄 ほか編：新明解国語辞典，第七版，三省堂（2012）
2) 大野　晋，田中章夫 編：角川必携国語辞典，KADOKAWA（1995）
3) 新村　出 編：広辞苑，第七版，岩波書店（2018）
4) 金田一春彦，金田一秀穂 編：学研 現代新国語辞典，改訂第六版，学研（Gakken）（2017）
5) 松村　明 編：大辞林，第四版，三省堂（2019）
6) 中島利勝，塚本真也：知的な科学・技術文章の書き方―実験リポート作成から学術論文構築まで―，コロナ社（1996）
7) 米田明美，山上登志美，藏中さやか：大学生のための日本語表現実践ノート，改訂版，風間書房（2010）
8) 倉島保美：論理が伝わる 世界標準の「書く技術」，講談社（2012）
9) 中村　明 ほか編：日本語文章・文体・表現事典，新装版，朝倉書店（2018）
10) 北原保雄 監修・編：文法Ⅰ，新装版，朝倉日本語講座5，朝倉書店（2018）
11) 北原保雄 監修，尾上圭介 編：文法Ⅱ，新装版，朝倉日本語講座6，朝倉書店（2018）
12) 北原保雄 監修，佐久間まゆみ 編：文章・談話，新装版，朝倉日本語講座7，朝倉書店（2018）
13) 近藤裕子，由井恭子，春日美穂：失敗から学ぶ 大学生のレポート作成法，ひつじ書房（2019）
14) 国立研究開発法人 産業技術総合研究所 計量標準総合センター訳・監修：国際単位系（SI）日本語版
https://unit.aist.go.jp/nmij/library/units/si/R8/SI8J.pdf（2019年9月現在）
15) 池田郁男：統計検定を理解せずに使っている人のためにⅠ，化学と生物，**51**（5），pp. 318-325（2013）
16) 池田郁男：統計検定を理解せずに使っている人のためにⅡ，化学と生物，**51**（6），pp. 408-417（2013）
17) 浜田知久馬：新版 学会・論文発表のための統計学―統計パッケージを誤用しないために―，真興交易株式会社 医書出版部（2012）

おわりに

本書は「工学系卒論の書き方」と題していますが，その核心は「技術文章の書き方を正しく習得する」ことに尽きます。また，大学生や高専生をおもな対象とし，さらには工学系の職種に就いている社会人にも使えるように意識して執筆しました。

読み手に伝えるための適切な文章を書く力は，一朝一夕では築けません。このことはすでに文章表現のテキストを執筆したあまたの先人たちも同様に述べています。電子メールやSNSで思うがままに文章を書き綴っても，結局それは会話文が主体であるため，論理的文章にそのまま反映させることは困難です。本書を読んだ人ならば，このことはよく理解しているでしょう。読み手に誤解されず，自身のいいたいことを論理的かつ適切に文章で伝えることによって，円滑なコミュニケーションをとることが可能となります。

書く労力を惜しんでいる人は，いつまで経っても文章は上達しません。また，「どう書けばよいのだろう」と悩んでいるだけの人も，冒頭「はじめに」の「卒論を書く学生さんへ」で別府が述べているとおり，やはり上達しません。まずは興味をもった実験や研究について「論理的に書く」という意識をもって，「書く」という実践から始めてみてください。大きなことを実践する必要はありません。例えば，まずは10分，15分と時間を決め，そして200字以内というように，字数を決めて書いてみましょう。日々の実験記録や対象としている研究など，なんでもOKです。きっと少しずつ書き方がわかってきます。

とにかく，「最後まで書く」ことを実践してみましょう。書いていて「どう書けばよいのだろう」と悩むときが必ず出てきます。そのようなとき，本書を手元に置いてチャレンジしてください。きっと抱えている問題点を解消してくれるはずです。そして再び書き進めていくのです。このプロセスを繰り返せば書き慣れていきます。

卒論は，学生時代最大の「論理的文章イベント」（または「試練」?!）といえるでしょう。ですが，社会人になると，日々が論理的文章イベントになるかもしれません。企画書や報告書，提案書や商品の取扱説明書など，さまざまなタイプの書類を書く場面に直面します。そこには論理的展開が必須であることはいうまでもありません。さらに読み手（上司・部下・同僚・お客様など）に伝わる文章を書けなければ，せっかくの企画や新製品の魅力も伝わらなくなってしまいます。そうならないためにも，文章表現のスキルを本書から学んでください。

学生のみなさんは，まずはしっかり卒論に向き合い，悔いのないように自身の考えを論理的な文章で提示してください。文章を書く基本をおさえれば可能です。本書はそれを手助けするツールとなっています。また，本書の「目次」や「2.6.2項　チェックリスト」から自身の弱点となる箇所に直接アクセスして読むことで，「自身の文章表現でどこが弱いのか」といった問題点も克服できるようになるでしょう。卒論に取り組む時間は限られていますので，こうした部分的な活用方法もあげられます。

指導者側の先生方も本書を通じて，いままでご自身の教えてきたことと重なる知見や，初めて認識する知見などがあるかと思います。例えば，ポスドクからすぐに大学や高専で教鞭を執るようになり，卒論に携わる方は指導方法で悩まれることも多いでしょう。ご自身の学生時代に教わってきた方法を踏襲しても，それが教えている学生に対し，同じように浸透していくのかはわかりません。一方，経験豊富な先生方も，いままでご自身が教えてきた文章表現のスキルを，本書を通してより高次へと更新させていくことも可能と考えます。いずれにせよ，教える側もよりよい文章表現スキルを学生たちに「人生の財産」として提供していく，そのためのツールとしてご活用いただければ幸いです。

なお，本書は高専の一般教養科の教員（渡辺）と専門教科の教員（別府）がタッグを組んで執筆しました。従来，どちらかのタイプ（一般あるいは専門）

に偏った文章表現のテキストが多いのですが，一般と専門の教員のそれぞれよい点・悪い点を補完・修正しながら執筆しました。こうしたスタイルはさほど多くはないと思います。いわば本書の特徴といえるでしょう。また，イラストを適宜使用して，ポイントをわかりやすくまとめています。漫画・アニメといった図像に慣れている学生にとっても，親しみやすい内容を目指しました。活字から図像へと着実にシフトしている現代社会（いわゆる「ポスト・グーテンベルク」的な社会）では，テキストも「活字と図像」（＝「伝統と革新」）を意識して作成することは重要と考えます。

本書がこれから卒論を書く学生にとって，親しみやすくかつ有意義なものであればと祈念しております。また指導者側の先生方にとっても「いままでの工学系の文章表現テキストとはちょっと違うかも」と思っていただければ幸いです。

2020年1月

渡辺　賢治

索　　引

用語をより詳細に説明しているページは太字で示してあります。

― やってはいけないこと・気をつけること ―

——著者略歴——

別府　俊幸（べっぷ　としゆき）

1983年　東京理科大学工学部電気工学科卒業
1985年　東京電機大学大学院理工学研究科修士課程修了（システム工学専攻）
1985年　東京女子医科大学日本心臓血圧研究所助手
1995年　博士（医学）（東京女子医科大学）
1998年　博士（工学）（東京電機大学）
1998年　松江工業高等専門学校助教授
2003年　松江工業高等専門学校教授
現在に至る

渡辺　賢治（わたなべ　けんじ）

2003年　大正大学文学部日本語・日本文学科卒業
2005年　大正大学大学院文学研究科博士前期課程修了（国文学専攻）
2008年　大正大学大学院文学研究科博士後期課程単位取得満期退学（国文学専攻）
2011年　博士（文学）（大正大学）
2014年　松江工業高等専門学校講師
2016年　福島工業高等専門学校准教授
2021年　常磐短期大学准教授
現在に至る

イラスト／九段そごう（MICHE Company LLC）
装丁／石田毅

まちがいだらけの文書から卒業しよう―基本はここだ！―工学系卒論の書き方
Writing Manual for Engineering Thesis; Improving the Readability and Intelligibility of Your Technical Papers

2020年3月12日　初版第1刷発行
2023年3月25日　初版第4刷発行

検印省略

著　者	別　府　俊　幸
	渡　辺　賢　治
発行者	株式会社　コロナ社
	代表者　牛来真也
印刷所	萩原印刷株式会社
製本所	株式会社　グリーン

112-0011　東京都文京区千石4-46-10
発行所　株式会社　**コロナ社**
CORONA PUBLISHING CO., LTD.
Tokyo Japan
振替00140-8-14844・電話(03)3941-3131(代)
ホームページ https://www.coronasha.co.jp

ISBN 978-4-339-07822-0　C3050　Printed in Japan　（三上）